U0379369

应用型人才培养系列教材

Rhino 产品数字化设计与 3D 打印实践

主　编　杨熊炎　苏凤秀

副主编　赵剑锋　申丽花　李奇玄

西安电子科技大学出版社

内 容 简 介

本书主要讲解 Rhino 软件的建模技术和操作技巧，使读者能够多方位掌握 Rhino 软件在工业设计中的应用。本书以实物产品为研究对象，教学案例是编者多年产品设计实践和教学工作经验的积累，教学方法和内容安排合理、科学。本书共 8 章，包括 Rhino 软件概述、基础操作模块、特殊曲面造型处理、产品建模实践、Keyshot 产品效果图渲染、3D 打印概述、3D 打印工艺基础、产品设计 3D 打印实践等内容。本书根据产品数字化设计的应用需求，增加了产品设计方案设计、Keyshot 动画、Rhino 与 3D 打印实践等内容，结合具有代表性的实例，介绍了渲染与动画软件 Keyshot，3D 打印切片软件 Makerbot Desktop、Cura 等多个软件，注重学习内容的后续衔接与应用，着力锻炼读者的实际操作能力，培养读者将概念设计转化为实际实物的能力。

本书适合作为高等院校应用型工业设计、产品设计、产品造型艺术设计等专业的教材，还可供产品设计专业的教学工作者、3D 设计与 3D 打印爱好者阅读参考。

图书在版编目(CIP)数据

Rhino 产品数字化设计与 3D 打印实践 / 杨熊炎，苏凤秀主编. —西安：西安电子科技大学出版社，2017.10(2025.1 重印)
ISBN 978-7-5606-4634-3

Ⅰ.① R… Ⅱ.① 杨… ② 苏… Ⅲ.① 产品设计—计算机辅助设计—应用软件
Ⅳ.① TB472-39

中国版本图书馆 CIP 数据核字(2017)第 214570 号

策　 划　 刘玉芳
责任编辑　 王　静
出版发行　 西安电子科技大学出版社(西安市太白南路 2 号)
电　 话　 (029)88202421　 88201467　　 邮　 编　 710071
网　 址　 www.xduph.com　　　　 电子邮箱　 xdupfxb001@163.com
经　 销　 新华书店
印刷单位　 广东虎彩云印刷有限公司
版　 次　 2017 年 10 月第 1 版　　 2025 年 1 月第 4 次印刷
开　 本　 787 毫米×1092 毫米　 1/16　 印　 张　 17
字　 数　 402 千字
定　 价　 42.00 元
ISBN 978-7-5606-4634-3
XDUP　 4926001-4
如有印装问题可调换

前　　言

本书以 Rhino 软件为主要内容，根据产品设计的实际应用需求，衔接渲染与动画软件 Keyshot、3D 打印切片软件等多个软件，突出软件之间的配合与综合应用能力，培养读者将概念设计转化为实际实物的能力。计算机辅助设计能力是工业设计/产品设计专业学生必备的专业能力，本书以实物产品为研究对象，教学案例是编者多年设计实践和教学工作经验的积累，教学方法和内容安排合理、科学。

本书从专业角度考虑设计创意的表达、计算机辅助设计的需要，注重学习内容的后续衔接与应用，内容上增加了产品设计方案设计、Keyshot 动画、Rhino 与 3D 打印实践等内容，具有科学性、实用性等特点。

科学性：本书内容按照学习认知规律编排，以熟悉的实物产品的设计为案例，学习过程循序渐进，可培养读者严谨的学习理念；案例有详细操作步骤，归纳了使用技巧；配有视频资源(用手机扫书中的二维码即可观看)，可满足不同读者学习的要求。

实用性：本书注重突出实用性，以实物产品为研究对象，在建模过程中引入产品结构、材料工艺知识，并增加了计算机辅助设计方案制作流程、Keyshot 动画、Rhino 3D 打印实践等内容，体现 Rhino 软件的实用性。

本书以实物产品为研究对象，建议使用此教材的教师和读者采用体验式学习方法深入剖析产品设计过程。

本书由桂林电子科技大学杨熊炎、广西大学行健文理学院苏凤秀担任主编，桂林电子科技大学赵剑锋、深圳科博贸易有限公司李奇玄、北海艺术设计学院申丽花担任副主编。其中，申丽花编写了第 1 章，赵剑锋编写了第 2 章，杨熊炎、苏凤秀编写了第 3～8 章，并统稿。

本书可以作为高等院校应用型工业设计、产品设计、产品造型艺术设计等专业的教材，还可供产品设计专业的教学工作者、3D 设计与 3D 打印爱好者参考。本书应用性较强，以 Rhino 软件应用为主要内容，涉及其他相关软件，知识点较多，因此，各院校在安排教学时可根据需要有选择地取舍。

由于编者水平有限，书中不足之处在所难免，恳请广大读者批评和指正，不胜感谢。

编　者

2017 年 6 月

目　　录

第 1 章　Rhino 软件概述

【教学目标】

本章讲解三维软件 Rhino 的特点、操作界面，让读者对该设计软件有一定的了解。

【教学内容提要】

(1) 了解辅助设计软件；

(2) 了解 Rhino 软件特点；

(3) 了解 Rhino 操作界面；

(4) 了解 3D 打印技术。

【教学的重点、难点】

重点：熟悉 Rhino 软件的界面、3D 打印技术等基础知识。

难点：模型显示精度、图层管理、快捷方式操作。

1.1　辅助设计软件介绍

随着社会工作领域的细化，设计专业也出现细化分工，出现了产品设计、服装设计、机械设计、工程设计、建筑设计、室内设计、汽车设计、园林景观设计等设计领域。计算机辅助设计(Computer Aided Design，CAD)系统的出现，极大地改善了传统手工制图存在的劳动量大、不易修改等缺点，促进了设计工作的改革以及工作效率的提高。计算机辅助设计利用计算机及其图形设备帮助设计人员进行设计工作。在实际工作中，成功的设计往往需要运用多种设计方式，只有了解并掌握多种设计软件，才能将设计者的设计理念表现出来。各个设计专业应用的辅助设计软件各有特点，主要包括了平面软件(2D)和三维软件(3D)两类。

1.1.1　平面软件

平面软件包括 Photoshop、Illustrator、PageMaker、CorelDraw、InDesign、Freehand、AutoCAD 等，其中最常用的是 Photoshop、Illustrator、CorelDraw 等。

1. Photoshop

Photoshop 主要用来进行图像处理。图像经过 Photoshop 的处理，更加具有真实感。Photoshop 的优点是具有丰富的色彩及超强的功能；缺点是文件过大，放大后清晰度会降低，文字边缘不清晰。Photoshop 从功能上可分为四大部分：图像编辑、图像合成、校色调色、特效制作。其应用领域多为平面设计、照片修复、广告摄影、影像创意、艺术文字、网页制作、效果图制作、视觉创意、图标制作等。

2. Illustrator

Illustrator 是一种应用于出版、多媒体和在线图像的工业标准矢量插画软件，作为一款非常好的图片处理工具，Illustrator 广泛应用于印刷出版、专业插画、多媒体图像处理和互联网页面的制作等，适合任何小型到大型的复杂设计项目。该软件不仅能处理矢量图形，也可处理位图图像，并新增了 Web 图形工具、通用的透明能力、强大的对象和层效果以及其他创新功能，可用于 Web、打印以及动态媒体等项目，在印刷出版、多媒体图形制作、网页或联机内容的创建等众多领域都可发挥重要的作用。Illustrator 从功能上可分为两大部分：画图与排版。其应用主要有两方面，一是绘图，如插画、效果图、形象标志设计等；二是编排设计，因为 Illustrator 是矢量输出的，通常用其排版要印刷输出的平面文件。

3. CorelDraw

CorelDraw 是目前普遍使用的矢量图形绘制及图像处理软件之一，该软件集图形绘制、平面设计、网页制作、图像处理功能于一体，深受平面设计人员和数字图像爱好者的青睐。同时，它还是一个专业的编排软件，其出众的文字处理、写作工具和创新的编排方法，解决了一般编排软件中的一些难题，被广泛地应用于广告设计、封面设计、产品包装、漫画创作等多个领域。

4. PageMaker

PageMaker 是 Adobe 公司出品的专业页面设计软件，是一种排版软件，其长处就在于能处理长篇的文字及字符，并且可以处理多个页面，能进行页面编码及页面合订。

5. InDesign

InDesign 软件是一个定位于专业排版领域的设计软件，是面向公司专业出版方案的新平台，由 Adobe 公司于 1999 年 9 月 1 日首次发布。它是基于一个新的开放的面向对象体系，可实现高度的扩展性，还建立了一个由第三方开发者和系统集成者可以提供自定义杂志、广告设计、目录、零售商设计工作室和报纸出版方案的核心，可支持插件功能。

6. Freehand

MacroMedia 公司的著名绘图软件 Freehand 具有强大的图形设计、排版和绘图功能，它操作简单、使用方便。Freehand 原来仅仅应用于 Macintosh 计算机，后来被移植到 PC 上，为 PC 进入排版、印刷领域开辟了道路。使用 Freehand 能够画出纯线条的美术作品和光滑的工艺图，它使用 PostScript 语言对线条、形状和填充插图进行定义，在输出品质上与图像尺寸无关，可用在建筑物设计图、产品设计或其他精密线条绘图、商业图形、图表等众多领域。

7. AutoCAD

AutoCAD 是美国 Autodesk 公司发布的自动计算机辅助设计软件，用于二维绘图、基本三维设计，现已经成为国际上广为流行的绘图工具。其主要应用于机械设计、模具设计、工程建筑设计等领域，也常常与其他的设计软件相互配合应用。

1.1.2 三维软件

1. Autodesk AliasStudio

AliasStudio 软件是目前世界上先进的工业造型设计软件，被广泛用于交通工具及高档消费品的设计，是全球汽车造型设计的行业标准设计工具。它包括 Design/Studio、Studio、Surface/Studio 和 AutoStudio 等 4 个部分，提供了从早期的草图绘制、造型，一直到制作可供加工采用的最终模型各个阶段的设计工具。其拥有灵活控制的三维空间；强劲而众多的曲线及曲面控制功能，NURBS 曲面输出不但可作快速成型及模具制造用途，更可直接输送至其他 CAD 系统。Autodesk AliasStudio 是一个使概念设计得以实施和可视化的工业设计系统，其功能模块有交互式草图及喷绘，自由曲面、NURBS 建模，二维至三维数学模型的转化，设计动画，逼真的渲染效果，可与 CAD 系统进行数据转化。

2．Pro/Engineer(简称 Pro/E)

Pro/E 是美国 PTC 公司的重要产品，在目前的三维造型软件领域中占有重要地位，主要应用于机械设计与模具制造方面。Pro/E 已经成为三维建模软件的领头羊，并作为当今世界机械 CAD/CAE/CAM 领域的新标准而得到业界的认可和推广，是现今最成功的 CAD/CAM 软件之一。Pro/E 采用参数设计模块化、单一数据库理念，数据在各个设计阶段进行共享和调用，用户可以根据自身的需要进行选择，而不必安装所有模块。Pro/E 基于特征的建模方式能够将设计至生产全过程集成到一起，实现并行工程设计，包括对大型装配体的管理、功能仿真、制造、产品数据管理等。它不但可以应用于工作站，而且还可以应用到单机上。Pro/E 采用模块方式，可以分别进行草图绘制、零件制作、装配设计、钣金设计、加工处理等，用户可以按照自己的需要选择使用。

3．UniGraphics(简称 UG)

UG 是集 CAD/CAE/CAM 于一体的三维参数化软件，是当今世界流行的计算机辅助设计、分析和制造软件，广泛应用于航空、航天、汽车、造船、通用机械和电子等工业领域。UG NX 是美国 UGS 公司 PLM 产品的核心组成部分，是集 CAD/CAM/CAE 于一体的三维参数化设计软件。同时，UGS 公司的产品还遍布通用机械、医疗器械、电子、高新技术以及日用消费品等行业。该软件不仅具有强大的实体造型、曲面造型、虚拟装配和生成工程图等设计功能，而且在设计过程中可进行有限元分析、机构运动分析、动力学分析和仿真模拟，提高设计的可靠性。同时，UG 可用建立的三维模型直接生成数控代码，用于产品的加工，其后处理程序支持多种类型数控机床。

4．Maya

Maya 是美国 Autodesk 公司出品的世界顶级的三维动画软件，应用对象是专业的影视广告、角色动画、电影特技等。Maya 功能完善，工作灵活，制作效率高，渲染真实感强，是电影级别的高端制作软件。Maya 包括一般三维和视觉效果制作的功能，而且还与最先进的建模、数字化布料模拟、毛发渲染、运动匹配技术相结合。Maya 可在 Windows NI 与 SGI IRIX 操作系统上运行。在目前市场上用来进行动态媒体数字化设计和三维制作的工具中，Maya 是理想的解决方案。目前，Maya 更多地应用于电影特效方面。从众多好莱坞大片对 Maya 的特别眷顾，可以看出 Maya 技术在电影领域的应用越来越趋于成熟。

5．3D Studio Max

3D Studio Max 常简称为 3DMAX 或 MAX，是 Autodesk 公司开发的基于 PC 系统的三维动画渲染和制作软件。在应用范围方面，其广泛应用于室内设计、广告、影视、工业设计、建筑设计、多媒体制作、游戏、辅助教学以及工程可视化等领域。拥有强大功能的 **3DMAX** 也被广泛地应用于电视及娱乐产业中，比如片头动画和视频游戏的制作等。其在影视特效方面也有一定的应用，如在国内发展的相对比较成熟的制作室内效果图、建筑效果图和建筑动画等。

6. SketchUp

SketchUp 是一款功能强大的 3D 建模软件，被建筑师称为最优秀的建筑草图工具，又称草图大师，主要应用于建筑设计、空间设计、城市规划方面。SketchUp 提供了一种实质上可以视为"计算机草图"的手段，它吸收了"手绘草图"和"工作模型"两种传统辅助设计手段的特点，切实地使用数字技术辅助方案构思，而不仅仅是把计算机作为表现工具。SketchUp 辅助建筑设计思想最重要的一点是试图使建筑师在设计的整个过程均可使用该软件，从设计构思到表现的各个环节，它克服了当前存在的设计与计算机表现脱节的弊病，并且数据的交互性可使模型应用于一系列其他软件，如 CAD、3DMAX、Lightscape 等。现在 SketchUp 也相应地出了一系列的渲染工具和相应的软件，成为基本可以独立出效果图纸、渲染结果最终图的软件。

7. Keyshot

Keyshot 是一个互动型的光线追踪与全域光渲染程序，采用全局照明和 HDRI 照明技术，在渲染过程中无需花时间调节灯光，无需设置复杂的渲染参数，即可产生相片级真实的 3D 即时渲染器，可以让使用者更加直观和方便地调校场景的各种效果。该软件自带材质带和环境照明贴图，这使得使用者可以在短时间内作出高品质的渲染效果图，大大缩短了传统渲染作业花费的时间。Keyshot 直接支持 Rhino 的文件，而其他软件需要转成通用格式导入 Keyshot 软件进行渲染。Keyshot 渲染是动态进行的，其效果极为真实，并且是在显示全部图形细节的状态下。以前要由相关专业人士进行的工作，现在团队中的任何人都可以使用该软件独立完成效果图的制作，类似"懒人式"的渲染器，操作简洁方便，效率高。

设计软件的分类见表 1-1。

表 1-1　设计软件的分类

平面软件	平面图像处理软件(位图)：Photoshop(PS)
	平面图形绘制软件(矢量图)：Illustrator、CorelDraw(CDR)、Freehand、InDesign、PageMaker 等
	工程图绘制软件：AutoCAD
三维软件	工业设计与建筑设计：Rhino、Alias、SketchUp 等
	工程类软件：Pro/E、UG、SoliWorks 等
	CG 动画类软件：3D MAX(室内设计)、Maya 等
	渲染软件：Keyshot、V-ray

1.2　Rhino 软件特点

1.2.1　Rhino 软件概述

　　Rhino 英文全名为 Rhinoceros，是美国 Robert McNeel 开发的专业 3D 造型软件，广泛地应用于产品设计、建筑设计等领域。Rhino 早些年一直应用于工业设计方面，擅长于产品外观造型建模。随着程序相关插件的开发，其应用范围越来越广，近些年在建筑设计领域应用得越来越广。Rhino 配合 Grasshopper 参数化建模插件，可以快速做出具有各种优美曲面的建筑造型，其简单的操作方法、可视化的操作界面深受广大设计师的欢迎。另外，其在珠宝、家具、鞋模设计等行业的应用也较广泛。

1.1　如何学习 Rhino(一)

　　Rhino 建立的所有物体都是由平滑的 NURBS(Non-Uniform Rational B-splines)曲线或曲面组成的。Rhino 软件提供了精确造型及拟合造型的方法。NURBS 曲线造型是目前计算机在三维实体中广泛采用的建模技术，它通过精确的数学计算来确定曲线、曲面、实体的形状及各个控制点的位置。用户通过使用 Rhino 软件所提供的各种功能强大的 NURBS 编辑工具，对曲

1.2　如何学习 Rhino(二)

线、曲面、实体进行编辑修改。Rhino 允许对曲线、曲面或实体进行加、减、交集等布尔运算。Rhino 软件主要的造型成型方式有挤出成型、旋转成型、放样、扫掠成型、网格铺面成型、嵌面等，成型方式丰富，可以满足大多数产品造型建模的需要。

　　该软件容易操作，具有方便的曲面建模方式和简洁的操作界面，另外，其使用效率高，软件较小，占用系统资源也少。其强大的曲面建模方式，在工业产品立体效果图设计方面的效率较高。Rhino 的建模与渲染效果如图 1-1 所示。

图 1-1　Rhino 建模与渲染效果

1.2.2 Rhino 的插件

各行业的专业插件有：建筑插件 EasySite、Grasshopper；机械插件 Alibre Design；珠宝首饰插件 TechGems(其他的有 Jewelerscad、RhinoGold、Rhinojewel、Matrix 6 for Rhino、Smart3d StoneSetting)；鞋业插件 RhinoShoe；船舶插件 Orca3D；牙科插件 DentalShaper for Rhino；逆向工程插件 RhinoResurf 等。

Rhino 软件使用较为频繁的通用插件如下：

(1) 网格建模插件：T-Spline。

(2) 渲染插件：Keyshot、Flamingo(火烈鸟)、Penguin(企鹅)、V-Ray。

(3) 动画插件：Bongo(羚羊)、RhinoAssembly 等。

(4) 参数及限制修改插件：RhinoDirect。

1.3 Rhino 操作界面及常用操作

1.3.1 Rhino 整体界面介绍

Rhino 整体界面包括标题栏、菜单栏、命令栏、标签栏、工具栏、工作视窗、状态栏等内容，如图 1-2 所示。视频教程见 1.3 "Rhino 界面介绍"。

1.3 Rhino 界面介绍

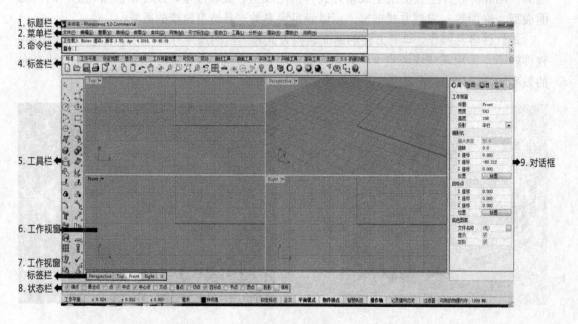

图 1-2 Rhino 界面

1.3.2　基本概念

(1) 光标：标记鼠标的位置。

(2) 标记：用于捕捉时标记锁点的位置。

(3) 网格：工作视图中的辅助工具。

(4) 世界坐标也叫绝对坐标。

(5) 世界坐标 X 轴：俯视图中的红色轴。

(6) 世界坐标 Y 轴：俯视图中的绿色轴。

(7) 世界坐标 Z 轴：正视图中的绿色轴。

(8) 世界坐标轴图标：视图左下角的图标。

1.3.3　工作视图及视图标签

1. 工作视图

工作视图包括俯视图(Top)、正视图(Front)、右视图(Right)。俯视图通称为正交视图或作图平面视图。正交视图中，对象不会产生透视变形效果。通常绘制曲线等操作都在正交视图中完成。透视图(Perspective)：一般不用于绘制曲线，可以在该视图中观察模型的形态，偶尔会在此视图中通过捕捉来定位点。视图的激活：视图标题栏以蓝色高亮显示，如图 1-3 所示。

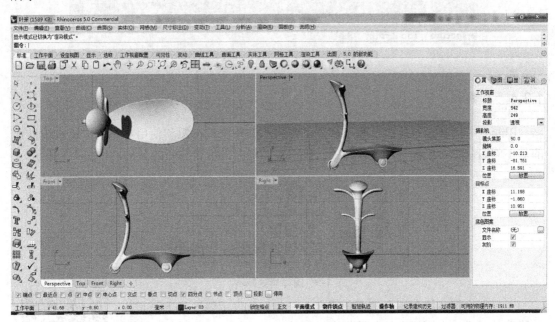

图 1-3　Rhino 工作视图

2. 工作视图标签

工作视图标签也会显示在工作视图的切换标签上，文字显示为粗体的标签是使用中的工作视图。工作视图最大化时，工作视图标签可以很方便地切换工作视图，如图 1-4 所示。

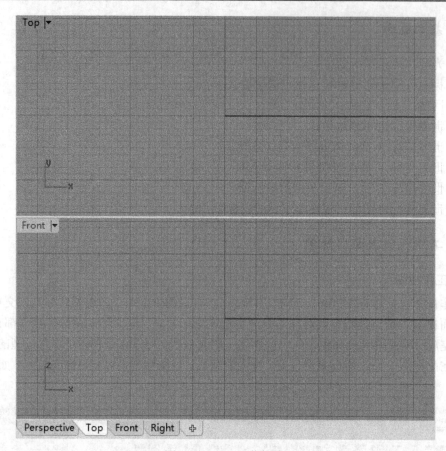

图 1-4   Rhino 工作标签

1.3.4   工具栏

Rhino 中很多按钮集成了两个命令，使用左键单击该按钮和使用右键单击该按钮执行的是不同的命令。将鼠标停留在相应的按钮上，将会显示该按钮的名称，如图 1-5 所示。

图 1-5   图标命令显示

工具栏中很多按钮图标右下角带有小三角形，表示该工具下还有其他隐藏的工具。在图标上按住鼠标左键不放可以链接到该命令的子工具箱，也可以点击图标右下角的小三角形，弹出下一级工具栏，如图 1-6 所示。Rhino 的工具列可以自定义工作环境，浮动的工具列可以在屏幕上任意移动，改变工具列的长、宽或停靠在 Rhino 视窗的边缘，Rhino 部分工具如图 1-7 所示。视频教程见 1.4 "工具栏介绍"。

1.4   工具栏介绍

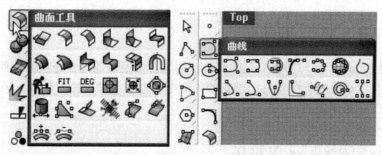

图 1-6　工具栏下一级命令显示

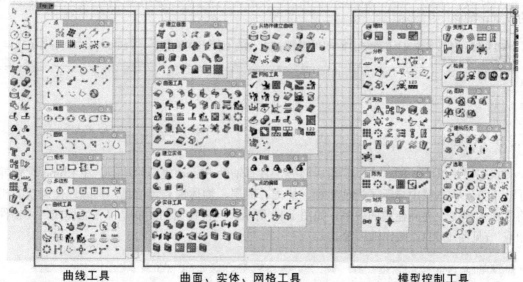

曲线工具　　　　　　曲面、实体、网格工具　　　　　　模型控制工具

图 1-7　Rhino 部分工具

　　自定义工具栏的操作方法：选择菜单栏中的【工具】/【工具列配置】命令，弹出如图 1-8 所示的【工具列】对话框。在【工具列】列表中勾选相应的选项，即可在界面中显示其他的工具箱，如图 1-8 所示。

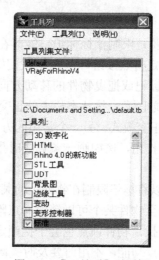

图 1-8　【工具列】对话框

1.3.5　命令栏

命令栏是 Rhino 软件与用户交互的窗口，初学者要经常通过命令栏与软件进行互动。

(1) 显示当前命令执行的状态，键盘输入命令、参数或键盘输入数值、坐标；

(2) 提示下一步的操作；

(3) 显示分析命令的分析结果；

(4) 提示操作(及操作失败的原因)。

许多工具在命令栏提供了相应的选项。在命令栏中的选项上单击鼠标即可更改该选项的设置，如图 1-9 所示。

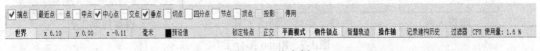

图 1-9　命令栏

1.3.6　状态栏

状态栏是 Rhino 的一个重要组成部分，具有辅助 Rhino 建模的功能。在 Rhino 软件界面的下方，状态栏中显示了当前坐标、捕捉、图层、物体锁点等信息。熟练地使用状态栏将在很大程度上提高建模的效率，如图 1-10 所示。经常使用的功能是"平面模式""物件锁点"(见图 1-11)"操作轴"等。

图 1-10　状态栏

图 1-11　物件锁点选项

(1) 锁定格点。锁定格点主要是限制鼠标标记只能落在工作视窗的格线交点上，锁定间距可以自定。按状态列上的锁定格点按钮可以打开/关闭格点锁定功能。

(2) 正交。正交可以将鼠标标记或拖曳物件的移动方向限制在设定的角度上，预设的正交角度为 90°(与工作平面格线平行)。按状态栏上的正交按钮可以打开/关闭正交模式，按住 Shift 键可以暂时打开/关闭正交模式。另一个常用的方法是沿着正交的方向拖曳物件。正交通常要在指定一点后才开始作用，例如画一条直线时指定了第一点之后，第二点会被限制在正交角度的方向上。

(3) 物件锁点。物件锁点可以将标记限制在物件上的某些点，当软件提示输入某点时，启用物件锁点，将鼠标光标移动至物件某个可以锁定的点附近，鼠标标记会吸附至该点。有时候不同的物件锁点会相互干扰，物件锁点也会干扰锁定格点或正交，建议需要使用某一物件锁点时，就单独打开该锁点功能，不用时要及时关闭，不然会影响操作。

1.3.7 图层管理

通过图层可以对物体对象进行管理，图层编辑的对象可以是线、面、体，也可以是它们的组合，如图 1-12 所示。

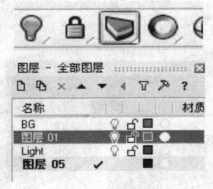

图 1-12   图层管理

1.5   显示方式介绍

1.3.8 显示方式的调整

(1) 显示精度的调整：在 Rhino 建模过程中，为了建模效率和反应速度，默认情况下模型显示精度较低。如图 1-13 所示的两幅图为同一模型的不同精度的显示情况。视频教程见 1.5 "显示方式介绍"。

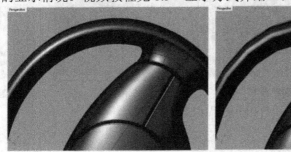

图 1-13   不同精度的显示情况

调整显示方式时，可执行【工具】/【选项】命令，单击【Rhino 选项】对话框中左侧列表的【网格】选项，在右侧输入高精度参数即可。

(2) 产品有不同的显示模式，如图 1-14、图 1-15 所示。

线框模式：线框模式是系统默认的显示方式，曲面以框架(结构线和曲面边缘)方式显示，这种显示方式最简洁，也是刷新速度最快的。

着色模式：着色模式中曲面显示是不透明的，曲面后面的对象和曲面框架将不显示，这种显示方式看起来比较直观，能更好地观察曲面模型的形态。

渲染模式：和着色模式很相似，显示的颜色基于模型对象的材质设定。

效果图：赋予灯光、材质、场景等要素得到的真实质感的效果图。

(3) 其他显示方式包括半透明模式、X 光模式、平坦着色等方式。

半透明模式：和着色模式很相似，曲面以半透明方式显示，可以看到曲面后面的形态。

X 光模式：和着色模式很相似，但是可以看到曲面后面的对象和曲面框架。

平坦着色：可以将光滑的曲面转为四边面块方式显示，该模式并不常用。

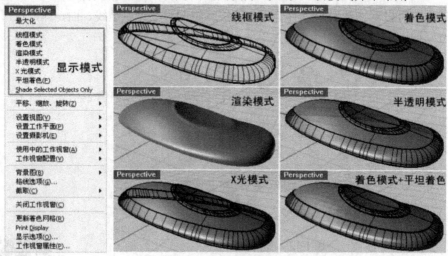

图 1-14　产品不同显示模式(一)

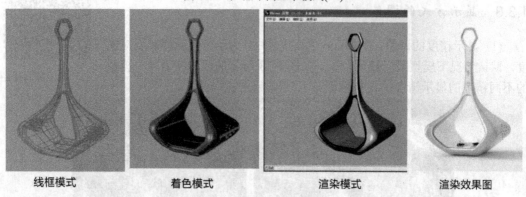

线框模式　　　　　着色模式　　　　　渲染模式　　　　　渲染效果图

图 1-15　产品不同显示模式(二)

1.3.9　平移、缩放、旋转物体

(1) 平移物体，如图 1-16 所示。

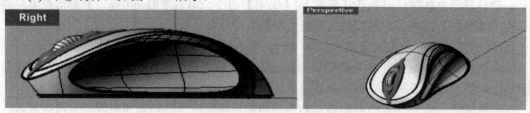

鼠标右键平移　　　　　　　　　　Shift + 鼠标右键平移

图 1-16　平移快捷操作方式

① 在俯、底、前、后、左、右的视图(作图平面视图)中，可以直接按住鼠标右键来平移物体。

② 在透视视图中，先按住 Shift 键，然后使用鼠标右键平移物体。

(2) 缩放物体：在任意视图中，先按住 Ctrl 键，然后使用鼠标右键缩放物体。

(3) 旋转物体：在透视视图中，可以直接按住鼠标右键来旋转物体。

(4) 最大化视图：双击视图名称，即可实现最大化视图。

1.3.10　选择工具

(1) 点选：点选单个物体的方法非常简单，只需在所要选取的物体上单击鼠标左键即可。被点选的物体将以亮黄色显示。视频教程见 1.6 "选择(点选)"。

① 取消选择：在视图中的空白处单击鼠标即可取消所有对象的选取状态。

② 加选：按住键盘上的 Shift 键，再点选其他对象，即可将该对象增加至选取状态。

1.6　选择(点选)

③ 减选：按住键盘上的 Ctrl 键，再单击要取消的对象，即可取消该对象的选取状态。

④ 候选：当场景中有多个对象重叠或交叉在一起，这时要选取其中某个对象时，会弹出如图 1-17 所示的【候选列表】对话框。在【候选列表】中选择待选物体的名称，即可选取该对象。如果【候选列表】中没有要选择的对象，则选择【无】选项。视频教程见 1.7 "选择(框选)"。

1.7　选择(框选)

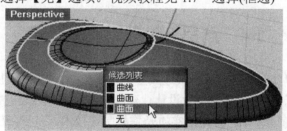

图 1-17　【候选列表】对话框

(2) 框选：Rhino 中框选物体的方法与 AutoCAD 中的框选十分类似，如图 1-18 所示。

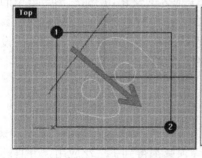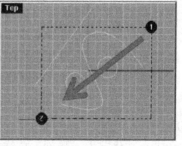

图 1-18　框选方式

① 当按住鼠标左键从左上方向右下方框选时(从左边往右边选择)，使之产生一个实线框，完全被这个框包围的物体就会被选到。

② 从右下方向左上方进行框选时(从右边往左边边选择)，使之产生一个虚线框，全

部或者有一部分在这个框内的物体就会被选到。只要选取框与待选取的物体有接触即可被选中。

1.3.11　复原与重做

(1) 复原命令。操作方法：鼠标左键点击"复原"图标，可以复原一连串的指令运行。可以点击右下角三角形，弹出多次撤销动作。

(2) 重做命令。操作方法：鼠标右键点击"重做"图标，可以重做上次动作，还可以连续点击多次，重做多次动作。

重复执行上一个指令，建模时常需要重复执行某一个指令，例如：绘制曲线、分别移动或复制不同的物体，有数种方法可以重复执行指令。① 没有指令正在执行时按 Enter 键；② 按空格键；③ 在工作视窗里按鼠标右键，这些方法都可以重复执行上一个指令。

1.3.12　复制对象命令

复制对象操作方法：

(1) 选择要复制的对象，按 Ctrl + C 组合键，然后再按 Ctrl + V 组合键即可；

(2) 选中要复制的对象，先按住鼠标左键拖动，再按键盘上的 Alt 键，当对象旁边出现"+"的标识时松手就可以了。

1.4　产品 3D 打印技术概述

近年来，3D 打印以其增材制造、快速成型等技术优势，得到了社会各界的广泛关注，已在医疗、航空航天、文物保护、工业设计、建筑、教育等领域迅速发展，展现出非常广阔的应用空间和市场前景。3D 打印的实质是增材制造技术，基于 3D 模型数据，采用逐层叠加的方式制作产品，通常通过电脑控制将材料逐层叠加，最终将计算机上的三维模型变为立体实物，是从大批量制造模式向个性化制造模式发展的引领技术。

3D 打印技术的发展给未来的制造业带来了很大的变化，产品结构与造型的设计不再受到传统制造工艺的束缚。独立设计师可依靠 3D 打印技术将自己的创意变成真实的产品，从而催生了大量的独立设计师及设计品牌。设计的社会化趋势将会打破以往设计组织僵硬的结构划分，消费者获得了自己设计、生产产品的权力。

1.4.1　产品 3D 打印应用前景

目前，3D 打印技术已在工业造型、机械制造、航空航天、军事、建筑、影视、家电、轻工、医学、考古、文化艺术、雕刻、首饰等领域都得到了广泛应用，并且随着这一技术本身的发展，其应用领域将不断拓展。3D 打印技术的实际应用主要集中在以下几个方面。

1. 产品设计领域

在新产品造型设计过程中应用的 3D 打印技术为工业产品的设计开发人员建立了一种崭新的产品开发模式。运用 3D 打印技术能够快速、直接、精确地将设计思想转化为具有一定功能的实物模型(样机),这不仅缩短了开发周期,而且降低了开发费用,也使企业在激烈的市场竞争中占有先机。

3D 打印技术在国内的家电行业中得到了很大程度的普及与应用,许多家电企业走在了国内前列。如:广东的美的、华宝、科龙;江苏的春兰、小天鹅;青岛的海尔等,都先后采用 3D 打印技术来开发新产品,收到了很好的效果。

在 2015 年德国 IFA 展上,海尔推出的 3D 打印空调采用一体式设计,在空调未开启时,前面板是一个整体封闭的面,表面会有六边形的纹理。但当空调开启后,前面板会随出风需要沿表面六边形肌理裂开,形成大面积的缝隙,满足出风需要,如图 1-19 所示。

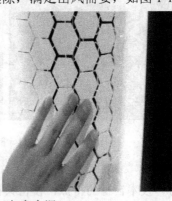

图 1-19　海尔 3D 打印空调(一)

在 2015 年上海家博会,海尔发布了一款功能齐全的 3D 打印空调,更是全球首款 3D 打印家电,赚足了眼球。空调的面板呈三维立体海浪形,轮廓则为流线弧度,颜色由白至蓝渐变,无不体现着海尔在工艺设计上的超前水平,如图 1-20 所示。

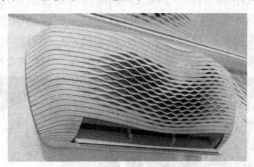

图 1-20　海尔 3D 打印空调(二)

2. 建筑设计领域

建筑模型的传统制作方式,渐渐无法满足高端设计项目的要求。现如今众多设计机构的大型设施或场馆都利用 3D 打印技术先期构建精确建筑模型来进行效果展示与相关测试,全数字还原不失真的立体展示和风洞及相关测试的标准,3D 打印技术所发挥的优势和无可比拟的逼真效果为设计师所认同。

3D 打印建筑在国内已经成为现实,在上海、苏州已经有成功案例。3D 打印建筑中,先根据电脑设计图纸和方案,由电脑操控一个巨大喷口喷射出"油墨",像奶油裱花一样,"油墨"呈"Z"字形排列,层层叠加,很快便形成一面高墙。之后,墙与墙之间还可像搭积木一样垒起来，再用钢筋水泥进行二次"打印"灌注，连成一体。在 24 小时内可打印出 10 幢 200 平方米建筑。3D 打印建筑时，使用的"油墨"是一种经过特殊玻璃纤维强化处理的混凝土材料，其强度和使用年限大大高于钢筋混凝土。打印形成的空心墙体不但大大减轻了建筑本身的重量，还可以随意填充保温材料，并可任意设计墙体结构。3D 打印建筑如图 1-21 所示。

图 1-21　3D 打印建筑

3．机械制造领域

由于 3D 打印技术自身的特点，使得其在机械制造领域内获得了广泛的应用，其多用于单件、小批量金属零件的制造。有些特殊复杂制件，由于只需单件生产，或少于 50 件的小批量生产，一般均可用 3D 打印技术直接进行成型，成本低，周期短。

例如，玩具制作等传统的模具制造领域，往往模具生产时间长，成本高。将 3D 打印技术与传统的模具制造技术相结合，可以大大缩短模具制造的开发周期，提高生产率，是解决模具设计与制造薄弱环节的有效途径。3D 打印技术在模具制造方面的应用可分为直接制模和间接制模两种。直接制模是指采用 3D 打印技术直接堆积制造出模具，间接制模是先制出快速成型零件，再由零件复制得到所需要的模具，如图 1-22 所示。

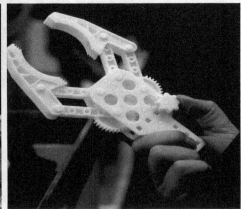

图 1-22　3D 打印模具

4．医学领域

近几年来，人们对 3D 打印技术在医学领域的应用研究较多。以医学影像数据为基础，利用 3D 打印技术制作人体器官模型，对外科手术有极大的应用价值。维克森林再生医学研究所宣布，他们使用 3D 打印技术成功打印出"活着的"人体组织和器官，将这些器官移植至动物后，能够正常发挥器官功能，如图 1-23 所示。

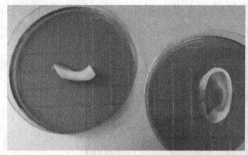

图 1-23　3D 打印机打印人体组织和器官

目前，随着 3D 打印设备和技术的研发及普及，其在国外医疗机构中的神经外科、整形外科、骨科及心胸外科等领域的应用已经成熟，而国内的应用也在进一步跟进。传统外科手术操作是一项经验性的操作，医生在手术过程中的判断、测量还有动作均来自于长期的经验累积。但由于病例的千差万别，其个体性导致手术差异性也很大。目前医学 3D 打印即将替代或部分替代医生，让手术如同流水线生产一样按照预计图纸完成。3D 打印技术可以将获取的所有医学数字制造成手术推演模型、手术导板等产品，用于简化手术过程，使原本是医生凭经验完成的操作变成按照计算机设计的数字化操作，从而开启手术数字化精准时代，如图 1-24、图 1-25 所示。

图 1-24　3D 打印数字化精准医疗(一)

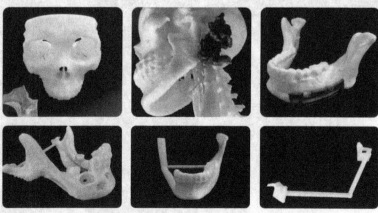

图 1-25　3D 打印数字化精准医疗(二)

5. 文化艺术领域

在文化艺术领域，3D 打印技术多用于艺术创作、文物复制、数字雕塑及考古领域应用等。在好莱坞大作《十二生肖》电影中，成龙佩戴了专业扫描手套来扫描剧中十二生肖铜像，另外一边通过专业设备将所扫描的铜像完美打印，影片中出现的专业设备利用的就是流行的 3D 打印技术，如图 1-26 所示。

图 1-26　《十二生肖》电影 3D 打印技术片段

电影《超能陆战队》中，小宏用 3D 打印机为大白制作高贴合度的盔甲，如图 1-27 所示。

图 1-27　3D 打印大白盔甲

3D 打印的装饰品一般体积较小，造型优美，如图 1-28 所示。

图 1-28　3D 打印装饰品

6．食品领域

3D 打印食物已经成为现实。3D 食物打印机采用了一种全新的电子蓝图系统，不仅方便打印食物，同时也能帮助人们设计出不同样式的食物。该打印机所使用的"墨水"均为可食用性的原料，如巧克力汁、面糊、奶酪等，如图 1-29 所示。在电脑上画好食物的样式图并配好原料，电子蓝图系统便会显示出打印机的操作步骤，完成食物的"搭建"工程。这款食物打印机将大大简化食物的制作过程，同时也能够帮助人们制作出更加营养、健康而且有趣的食品，这款 3D 食物打印机上市后，可供家庭及餐馆等不同场所使用。

图 1-29　3D 打印各种形状巧克力

康奈尔大学的 Hod Lipson 和 Evan Malone 发起了 Fab@Home 打印机项目，其目的在于向普通大众推广低成本的快速原型制造工艺。从 2010 年开始，该实验室与合作单位(如法国烹饪学院)开始尝试食品技术：3D 打印字母曲奇、形如火箭的扇贝、巧克力、糖霜、奶酪、火鸡糊等，如图 1-30 所示。

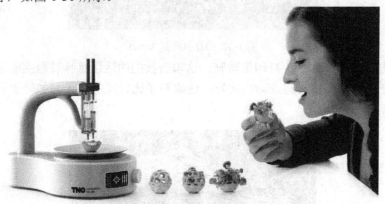

图 1-30　Fab@Home 打印机项目

2015 年，清华团队创建的 3D 画饼第四代产品在京东金融发起了众筹，获得成功。该公司主要研发食品 3D 打印机器，主要业务是打印煎饼，用户可免费下载图片库的图案，把个性化的图案打印在煎饼上，获得了年轻用户的青睐，如图 1-31 所示。3D 打印技术的应用很广泛，可以相信，随着 3D 打印技术的不断成熟和完善，它将会在越来越多的领域得到推广和应用。

图 1-31　3D 打印煎饼

7. 服饰领域

3D 打印应用于服饰领域，主要推出个性化产品，概念性较强，商业普及推广需要时间。

美国设计工作室 Continuum Fashion 发布了他们的第一个可穿 3D 打印鞋履系列——"strvct"，如图 1-32 所示。

图 1-32　3D 打印鞋 strvct

耐克推出全球第一款 3D 打印足球鞋，这项新技能的运用意味着耐克能够在更短的时间内依据靴子的原型作出一些改动。此外，这款鞋子比曾经的鞋子愈加轻盈且能缩减短跑时间，如图 1-33 所示。

图 1-33　耐克足球鞋

新百伦的这款跑鞋与知名 3D 打印技术公司 3DSystems 合作，采用了最新的 3D 打印技术，通过特殊的弹性粉末和 DuraForm Flex TPU 材质制造出了具备减震效果的夹层鞋底。

据悉，使用这种材料制造的鞋底，可以让跑步者在灵活性、耐久性方面寻找到一个最佳的平衡感，同时还能满足强度和重量的要求，如图 1-34 所示。

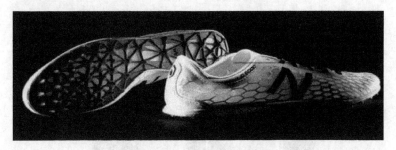

图 1-34　新百伦 3D 打印跑鞋

1.4.2　3D 打印创意产品赏析

1．3D 打印艺术品

3D 打印吊坠，神秘而又美好，面具吊坠的尺寸很精巧，可以作为项链、钥匙扣、包包挂坠等装饰品，既神秘又不失个性，如图 1-35 所示。

图 1-35　3D 打印艺术品(一)

3D 打印的个性化小宠物摆件，如图 1-36 所示。

图 1-36　3D 打印艺术品(二)

2．3D 打印立体相片

3D 打印立体相片给人不一样的视觉体验和纪念价值，如图 1-37 所示。

图 1-37　3D 打印立体相片

3．3D 打印产品

德国电动汽车制造商 StreetScooter 制成了一台 3D 打印的概念电动车 C16，其车体外部的大部分组件都是通过 Stratasys 公司的 Objet 1000 专业级 3D 打印机制造而成的。在这款电动汽车身上，3D 打印的部件包括前后面板、车门面板、保险杠、侧裙、轮拱、灯罩以及一些细小的内部元件。虽然 C16 大部分器件还是由传统汽车制造工艺打造的，但是利用 3D 打印方式降低了制造成本，并使其在 12 个月内完成建造和组装。C16 在一系列的测试环境中表现出了不亚于传统汽车的性能，如图 1-38 所示。

图 1-38　3D 打印的概念电动车 C16

4．3D 打印日用品

3D 打印的日用品包括生活中常用的产品，带有一定的装饰性和功能性，比如牙签盒、手机音响扩音器、笔筒、手机壳、花瓶等产品，如图 1-39～图 1-42 所示。

图 1-39　3D 打印牙签盒与手机音响扩音器

图 1-40　3D 打印笔筒　　　　　　　　　图 1-41　3D 打印手机壳

图 1-42　3D 打印花瓶

第 2 章　基础操作模块

【教学目标】

讲解三维软件 Rhino 的各种造型元素的绘制与编辑，让读者熟练掌握软件基础操作，能应用软件自如表达创意。

【教学内容提要】

(1) 熟练掌握点、直线、曲线、曲面、实体的各种创建方法；

(2) 熟练掌握直线、曲线的调节方法；

(3) 掌握特殊曲线、曲面的创建方法；

(4) 能根据要求完成简单案例的设计。

【教学的重点、难点】

重点：熟练掌握点、直线、曲线、曲面、实体的各种创建方法。

难点：能根据要求完成简单案例的设计。

2.1　曲　线　属　性

2.1.1　曲线的类型

在 Rhino 软件中，曲线类型主要有几何曲线、自由造型曲线两种，如图 2-1 所示，可以用来创建各种类型曲线。

图 2-1　曲线类型

2.1.2　曲线的构成

在 Rhino 软件中，曲线采用 NURBS(Non-Uniform Rational B-Splines，非均匀有理 B 样条)曲线建模。NURBS 是一种非常优秀的建模方式，高级三维软件中都支持这种建模方式。NURBS 比传统的网格建模方式能够更好地控制物体表面的曲线度，从而能够创建出更逼真、生动的造型。NURBS 几何图形是 3D 设计的工业标准，被广泛应用于造船、航天、汽车内饰与外形、家庭用品、办公家具、医疗器材、运动用品、鞋类、珠宝等各种产品的自由造型设计。

　　NURBS 曲线的构成如图 2-2 所示，其中控制点(Control Points)也叫控制顶点(Control Vertex)，简称 CV 点。

　　编辑点(Edit Point)：简称 EP 点。外壳(Hull)：连接 CV 点之间的虚线。

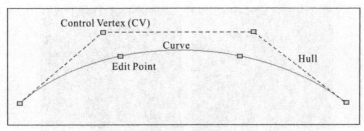

图 2-2　曲线构成

2.1.3　曲线形状控制方式

　　在 Rhino 中，曲线是模型最重要的部分，绘制曲线也是建模最重要的操作。建立模型常常是从画一条曲线开始，如先绘制物体的轮廓线，然后再通过放样、挤伸、裁剪等操作生成不同的模型。圆、圆弧、椭圆、二维多段线、三维多段线、附加线和样条曲线统称为曲线。曲线控制的方式有两种，CV 点控制和 EP 点控制，如图 2-3 所示。视频教程见 2.1 中"曲线控制方式"。

2.1　曲线控制方式

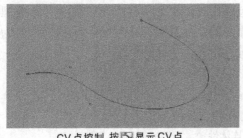

CV 点控制，按 显示 CV 点　　　　　　EP 点控制，按 显示 EP 点

图 2-3　曲线控制方式

　　CV 点位于曲线之外，拖动可控制曲线的形状；EP 点位于曲线之上，也控制着曲线的形状。编辑曲线的形状时，大多选择 CV 点模式，因为一个 CV 点影响曲线形状的范围较 EP 点小。一般通过拖拉 CV 点来改变曲线的形状。EP 点主要用于绘制结构线，通过 EP 点绘制曲线通过已知点，进行封闭性结构性绘制，方便后续的曲面生成。当曲线上的 CV 点和 EP 点被打开时，将不能选择到曲线。

2.1.4　几何连续性

　　在 Rhino 中，连续性的概念很重要，很多命令都涉及它。Rhino 主要是评价曲线或曲面间的几何连续性，使用 GO、G1、G2 三个级别，连续性的首要条件是曲线或曲面之间是不间断的。

(1) 位置连续性：(G0)定点连续。GO 连续意味着两曲线的端点或曲面的边重合，并且曲线的端点或曲面的边界处控制点也将重合，如图 2-4(a)所示。

(2) 相切连续性：(G1)切线连续。两 GO 连续的曲线(或曲面)，若在重合的端点处的切线方向相同，则称这两曲线(或曲面)G1 连续，G1 连续必定是 GO 连续，如图 2-4(b)所示。

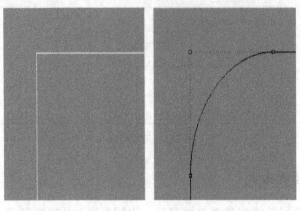

(a) G0 连续性   (b) G1 连续性

图 2-4   曲线位置、相切连续性

(3) 曲率连续性：G2 曲率连续性。两 GO 连续的曲线(或曲面)，若在重合的端点处(或边界)的切线方向和曲率都相同，则称这两曲线(或曲面)G2 连续，同样，G2 连续必定是 G1 或 GO 连续。通过"衔接曲线"命令可改变曲线曲率，或打断两条线条，通过可调式混接曲线也可以达到 G2 连续性，甚至更高的连续性。用户可通过选择分析工具中的"两条曲线的几何连续性"命令来确认两条相交曲线属于何种几何连续性，以判断造型曲线是否合理正确，如图 2-5 所示。G2 连续的曲线或曲面效果在常见的产品造型设计中应用效果较好，较为平滑。

G2 连续性

图 2-5   曲线曲率连续性

2.2 曲 线 绘 制

用鼠标左键按住主工具栏中的 ⊐ 按钮，系统将弹出曲线(Curve)工具栏，曲线类型如图 2-6 所示。

图 2-6   曲线类型

2.2.1　绘制控制点曲线

单击 Curve(曲线)工具栏中的 ⬚ 按钮，即可在视窗中绘制曲线，要养成在工作视图中绘制曲线的习惯，这样能保证绘制的曲线在平面上，而且方便控制曲线的比例、方向等。每次单击鼠标左键确定一个控制点，单击鼠标右键结束曲线的绘制，如图 2-7 所示。绘制完曲线后，按 F10 键打开曲线的控制点，可通过拖动控制点来调整曲线的形状。如果想使曲线封闭，可以在绘制最后一个控制点后单击曲线的第一个控制点或键入"C"按回车键。

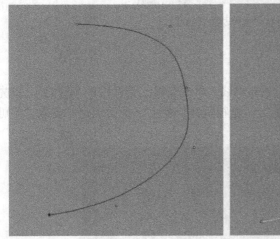 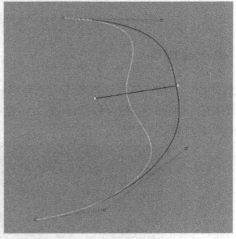

图 2-7　绘制控制点曲线

曲线上的控制点可以删除。选中要删除的控制点，按 Delete 键即可。删除控制点后，曲线的形状会发生变化，如图 2-8 所示。

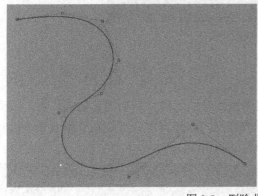 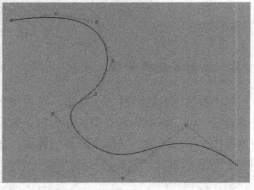

图 2-8　删除曲线上的控制点

2.2.2　绘制内插点曲线

单击曲线工具栏中的 ⬚ 按钮，即可在视窗中绘制内插点曲线。曲线将通过鼠标左键确定的每个点，单击鼠标右键结束曲线的绘制。显示之后的内插点也可删除，形状也会发生变化，如图 2-9 所示。视频教程见 2.2 "内插点练习"。

2.2　内插点练习

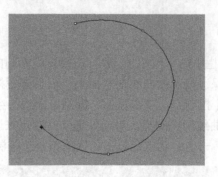

图 2-9　绘制内插点曲线

2.2.3　绘制抛物线

通过焦点、方向、对称轴可画出一条抛物线。单击曲线工具栏中的 ⛎ 按钮，首先确定抛物线的焦点，然后确定方向，方向朝上，抛物线开口朝上，最后确定一端点，即可画出一条抛物线，如图 2-10 所示。

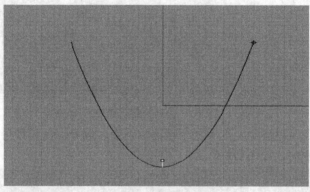

图 2-10　绘制抛物线

2.2.4　绘制等距弹簧线

单击曲线工具栏中的 ⟋⟍ 按钮，首先确定弹簧线轴的起点，然后确定轴的终点，再确定螺旋线半径，影响弹簧造型的主要因素有圈数或螺距，弹簧上、下距离。用该命令绘制的弹簧线上下一样大，类似于圆柱形弹簧，如图 2-11 所示。

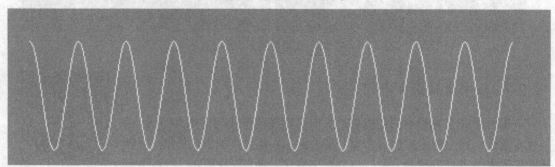

图 2-11　绘制等距弹簧线

【案例应用】　应用"弹簧线"命令制作圆柱外螺纹效果，在这里应用了圆管和布尔运算差集等命令，绘制过程如图 2-12 所示。视频教程见 2.3 "圆柱外螺纹的制作"。

（1）首先绘制一个圆柱。

（2）绘制圆柱外壁弹簧线，弹簧线的起点和终点分别取圆柱顶面和底面的中心点，半径范围取圆柱上顶面的四分点即可。

（3）应用圆管命令生成实体弹簧。

（4）应用布尔运算差集，圆柱被弹簧切割。

2.3　圆柱外螺纹的制作

图 2-12　制作圆柱外螺纹效果

2.2.5　绘制螺旋线

单击曲线工具栏中的 按钮，首先确定弹簧线轴的起点，再确定轴的终点，然后确定螺旋线第一半径和第二半径即可。用该命令绘制的弹簧上下不一样大，可绘制类似于蚊香的塔形盘旋效果，如图 2-13 所示。

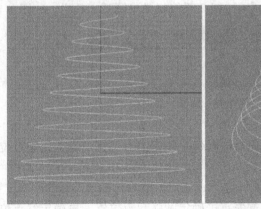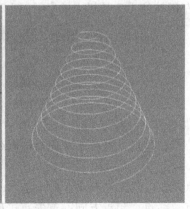

图 2-13　绘制螺旋线

2.2.6　绘制圆与椭圆

1. 绘制圆

用鼠标左键按住主工具栏中的 按钮，系统将弹出圆工具栏，如图 2-14 所示。

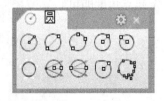

图 2-14　圆工具栏

绘制圆有以下几种方式：

(1) 中心点、半径法：先输入圆心，再输入半径值或者直接拖动鼠标，在合适位置单击左键即可。

(2) 直径法：确定两点，即圆的直径即可。

(3) 三点法：在画面上确定三点，可绘制圆。

2. 绘制椭圆

用鼠标左键按住主工具栏中的 按钮，弹出椭圆工具栏，如图 2-15 所示。

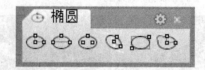

图 2-15　椭圆工具栏

绘制椭圆有以下几种方式：

(1) 通过确定对称中心和两对称轴画一椭圆：单击椭圆工具栏中的 按钮，首先确定椭圆的中心，然后确定两对称轴(相互垂直)，完成绘制。

(2) 通过长轴、短轴半径画一椭圆：单击椭圆工具栏中的 按钮，首先确定椭圆的一轴，然后确定另一轴线的一个端点，完成操作。

(3) 通过焦点和短轴半径画一椭圆：单击椭圆工具栏中的 按钮，首先确定椭圆的两个焦点，然后确定椭圆上一点，完成操作。

2.2.7　绘制圆弧

用鼠标左键按住主工具栏中的 按钮，系统将弹出圆弧工具栏，如图 2-16 所示。

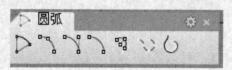

图 2-16　圆弧工具栏

绘制圆弧有以下几种方式：

(1) 中心点、起点、角度：首先点击圆确定弧中心点位置，再确定起点位置，然后确定角度即可。

(2) 三点画弧：依次点击确定圆弧起点、终点，然后再确定圆弧的中间位置即可。

(3) 起点、终点、起点方向：首先点击确定圆弧起点位置，再确定终点位置，然后确定起点角度即可。

2.3　曲线编辑

曲线编辑包括曲线工具和曲线提取两个部分。

2.3.1　曲线工具

曲线工具包括曲线重建、曲线延伸、倒圆角/倒斜角、混接曲线、建立轮廓曲线等常用功能。用户可以利用这些工具对画好的曲线进行调整。按住 图标打开"曲线工具"工具栏，如图 2-17 所示。

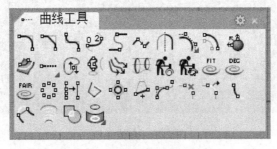

图 2-17　"曲线工具"工具栏

1. 重建曲线

绘制曲线是 Rhino 建模中很重要的一门技巧，每一次画好的曲线往往要经过调整才会得到理想的效果。因此掌握曲线工具对调节曲线造型有很重要的作用。我们也可以先画出一些基本曲线，如圆、椭圆，然后通过移动控制点来改变它们的形状。按 F10 键打开曲线上的控制点编辑模式，按 F11 键则关闭控制点编辑模式。另外，可通过增加控制点来微调曲线，具体步骤如下：

(1) 图 2-18 中所示这条曲线控制点过多，现在要通过"重建曲线"命令减少该曲线的控制点数量，让曲线更加光滑平整。单击主工具栏的 "重建曲线"图标，选择要重新构建的曲线，系统将弹出"重建"对话框，如图 2-18 所示。

(2) 在 Point 编辑框中，我们可以通过增、减控制点的数目，更改曲线阶数来调整曲线。现在设定曲线控制点为 10 个，3 阶(G2 连续)，经过重新设定控制点的方法，可使曲线上的控制点分布均匀，但造型发生了小变化，在实际应用中要注意这个变化，可以在后续再微调曲线达到调整曲线造型的目的。

图 2-18　曲线重建工具命令应用

2. 曲线延伸

(1) 选取边界对象或输入延伸长度，动态延伸按 Enter 键。

(2) 选取边界对象，操作完毕按 Enter 键。

（3）选取要延伸的对象类型：直线、圆弧、平滑。圆弧：建立一条和原来的曲线正切的延伸圆弧。直线：建立一条和原来的曲线正切的延伸直线。平滑：建立一条和原来曲线的曲率连续的平滑延伸曲线，如图 2-19 所示。

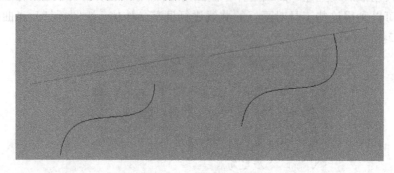

图 2-19　曲线延伸

3. 可调式混接线条

使用"可调式混接线条"命令，选中要连接的线条，注意要选择靠近端点的位置，然后调节两边手柄达到理想造型即可。这个命令在建模过程中较多应用于制作过渡曲线，也比较方便，是重点要掌握的命令，如图 2-20 所示。

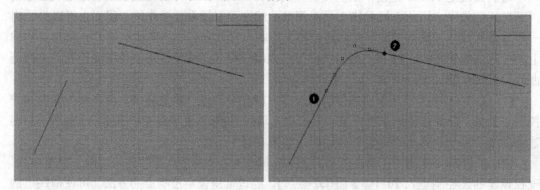

图 2-20　可调式混接线条

4. 曲线偏移

"曲线偏移"命令可以使曲线平行偏移一定的距离，在尺寸图绘制和参数化绘图中应用较多，如图 2-21 所示。

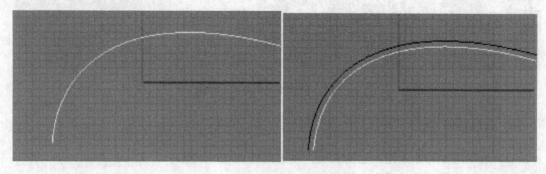

图 2-21　曲线偏移

5. 倒圆角

"倒圆角"命令在两条曲线之间产生一个由圆弧形成的圆角。点击该命令，输入圆角半径，选取第一条要建立圆角的曲线；选取第二条要建立圆角的曲线。后续不能修改圆角大小，所以尽量新建一个图层保存之前的曲线，如图 2-22 所示。

图 2-22　曲线倒圆角

6. 衔接曲线 〜

衔接曲线命令可以改变两条相交曲线的几何连续性，图 2-23 所示这种情况是 G0 连续，现在应用"衔接曲线"命令调节曲线造型，一般选择"相切"就可以满足要求了，可根据实际情况相互衔接。该命令在实际案例中主要应用于调节两条相交结构线的几何连续性，达到光滑曲线的效果。

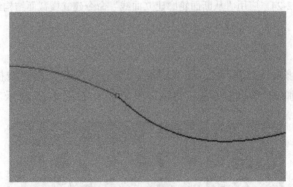

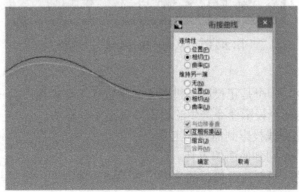

图 2-23　衔接曲线

7. 从断面轮廓建立曲线

使用该命令的前提要建立三条(包括三条)以上不同方向的曲线，然后使用该命令建立这些曲线的截面线。操作方法：依次选取轮廓曲线，选择生成曲线的起点和终点，一般在三视图中确定曲线起点和终点，自动生成闭合，如图 2-24 所示的产品框架曲线中，应用"从断面轮廓建立曲线"命令可以制作产品的封闭横截面结构线，如图 2-24 所示的四条曲线。类似地，手把的横截面结构线也可以用该命令制作。

2.4　从断面轮廓建立曲线

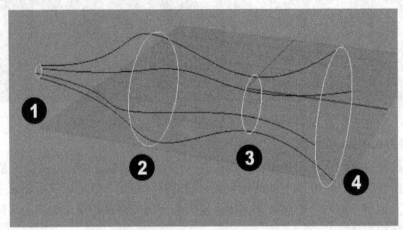

图 2-24　应用"从断面轮廓建立曲线"命令建立横截面结构线

2.3.2　曲线提取

曲线提取包括投影、边线提取、面线提取、结构线提取、相交线提取等。用鼠标左键按住 🛢 按钮不放，弹出"从物件建立曲线"工具栏，如图 2-25 所示。

图 2-25　"从物件建立曲线"工具栏

1. 投影

投影有两个命令，一个是正投影，投影方向垂直于工作视图；另一个是投影方向垂直于要投影的曲面，这两个投影命令产生的投影效果是不一样的。

(1) 🛢：直接将曲线投影到曲面的工具。

(2) 🛢：将曲线拉回到曲面的工具。

使用投影工具的时候要注意投影的方向，在不同的视图上，投影方向是不同的，效果也是不同的。两种投影方式的效果相差比较大，一般用得比较多的是直接投影。图 2-26(a)

是投影前曲线，图 2-26(b)分别是 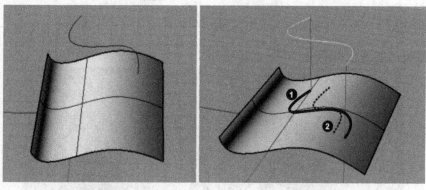 正投影效果和将曲线拉回到曲面的效果。

(a) 投影前曲线　　　　　　　　　(b) 投影效果

图 2-26　两种投影方式对比

【案例应用】 曲线不在一个平面上，不方便建立曲面，需要将曲线调整在一个平面上。如图所示的①曲线是提取的曲线，但不是一个平面线，不能挤出成实体，需要将①曲线转成②平面线。

操作方法：先建立一个垂直平面，然后使用正投影功能即可得到②平面线(需要在前视图中操作，即在与投影方向垂直的视图中操作才能得到②平面曲线)，如图 2-27 所示。

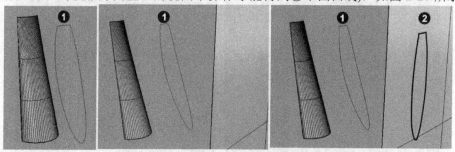

图 2-27　曲线投影应用

2. 复制边缘

"复制边缘"命令用于提取复制曲面的边缘线，在重新建立曲面或辅助建模时使用。如图 2-28 所示为提取空心圆柱的上盖两条边缘线(①、②线)。

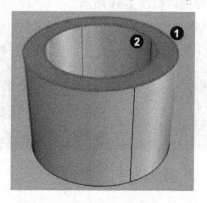

图 2-28　复制圆柱上盖两条边缘线

3. 复制边框

"**复制边框**"命令用于提取单一面的边线。先把曲面炸开成单独曲面，如图 2-29 所示，然后使用该命令提取圆台的上、下盖的边线。

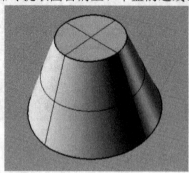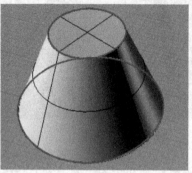

图 2-29　复制圆台上、下盖边线

4. 复制面的边线

"**复制面的边线**"命令适用范围：可以是实体，也可以是曲面，系统自动辨别单一面，并提取边缘线。如图 2-30 所示，使用该命令提取长方体多个面的边线。

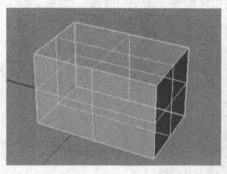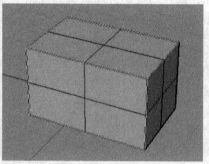

图 2-30　复制面的边线

5. 提取结构线

使用"**提取结构线**"命令可以提取曲面上的 U、V 结构线，也可以提取多条任意位置结构线，方便后续重新建立曲面，如图 2-31 所示。

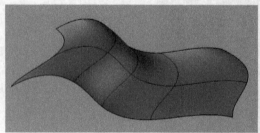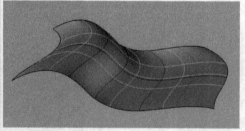

图 2-31　提取结构线

6. 提取相交线

"**提取相交线**"命令用于提取两个面或体的相贯线(相交线)，常用于提取辅助线进行建模用，如图 2-32 所示。

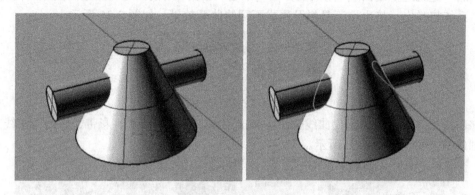

图 2-32　提取相交线

2.4　曲 面 绘 制

曲面功能是 Rhino 的核心，大部分的犀牛模型都是由曲面构建出来的，因此掌握曲面建模功能非常重要。用鼠标左键按住 按钮不放，可弹出"建立曲面"工具栏，如图 2-33 所示。

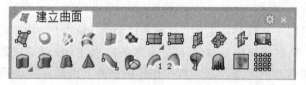

图 2-33　"建立曲面"工具栏

2.4.1　挤出成型

挤出成型方式是最基本的成型方式，沿着一个方向挤出原始曲线得到曲面，原始挤出曲线可以是开放曲线，也可以是封闭曲线，如图 2-34 所示。默认的挤出方向是垂直方向，挤出方向也可以变成斜向挤出，可以挤出成台体、锥体，还可以沿曲线路径挤出，在后面的挤出命令中会详细介绍。

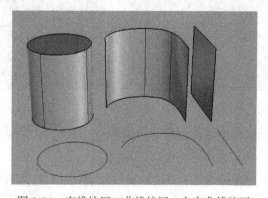

图 2-34　直线挤压、曲线挤压、自由曲线挤压

按照一定轨迹挤出曲线，生成的曲面属于运动曲面。用鼠标左键按住曲面工具栏的  按钮，系统将弹出"挤出"工具栏及生成不同的曲面效果，如图 2-35 所示。

图 2-35　"挤出"工具栏

挤出成型包含直线挤出、曲线挤出、挤出至点、挤出成锥状、彩带、往曲面法线方向挤出曲线等方式，如图 2-36 所示。

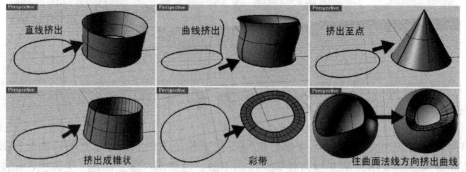

图 2-36　不同挤出方式生成不同曲面效果

1. 直线挤出

直线挤出功能沿着一直线挤出曲线，从而形成曲面。单击"挤出"工具栏中的按钮 。命令栏提示挤出后，选取要挤出的曲线(可以有多条)，按 Enter 结束选取。用户可以直接在命令栏中输入直线要移动的距离，或者直接在作图平面上用鼠标拖动确定其长度。

挤出曲线构造曲面影响参数有挤出方向、双向挤出曲线、是否实体。

(1) 挤出方向：默认是垂直于作图平面的。用户也可以通过该选项来改变挤出的方向。首先选取一基点，然后拉出一直线代表挤出曲线的方向，如图 2-37 所示。

(2) 双向挤出曲线：以曲线为中线向两侧方向挤出以形成曲面，如图 2-38 所示。

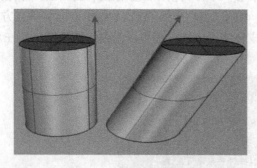
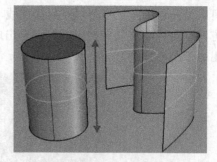

图 2-37　不同挤出方向　　　　　图 2-38　双向挤出曲线

(3) 是否实体：主要应用于封闭的曲线挤出实体，但是选择的曲线必须封闭。

2. 曲线挤出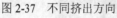

左键单击工具栏中的 按钮，选择要挤出的曲线，然后选择挤出的路径曲线，完成后的效果如图 2-39 所示。①曲线为挤出曲线，②曲线为路径，点击确定挤出起点，尽量靠近左边端点位置。在本案例中，其实以红色线为挤出曲线，蓝色线为路径，得到的曲面效果是相同的。沿曲线挤出命令适合绘制产品造型的大体曲面，并不适合制作精细曲面，因为结构线较少，对曲面控制较弱。

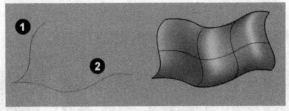

图 2-39　沿曲线挤出

【案例应用】　应用挤出命令制作按键分模线效果。

挤出曲线命令在曲面表面的分模线用得比较多，选择按键与主体的交线，创建一个挤出曲面，复制一个，A 按键曲面组合，B 主体曲面组合，之后在两个曲面间生成圆角，形成按键与主体的分模线效果，如图 2-40 所示。

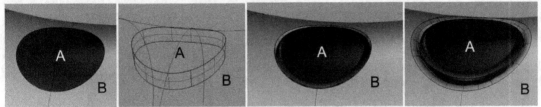

图 2-40　应用挤出命令制作按键分模线效果

2.4.2　旋转成型

旋转成型是一种常用的造型建模方式，一般用于制作圆周曲面。旋转曲线绘制曲面，其关键在于绘制母线，母线的造型会影响生成的曲面的造型。旋转方式有两种：一种是曲线按照旋转轴进行一定的角度旋转；另一种则是曲线沿路径曲线并按旋转轴进行旋转。两种方式的共同点是必须有旋转轴。

1. 旋转成型

单击"曲面"工具栏中的　按钮，选取要旋转的曲线(母线)，确定旋转轴的起点和终点，再确定旋转角度即可。旋转成型要具备三个要素：旋转轴、母线、旋转角度，旋转角度一般是 360°，如图 2-41 所示。

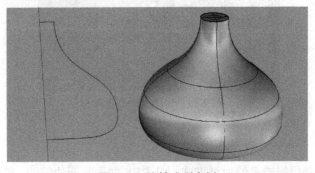

图 2-41　旋转成型案例

2. 沿着路径旋转 🔧

右键单击"曲面"工具栏中的 🔧 按钮，选取轮廓曲线和路径曲线，然后确定旋转轴，即可完成操作。沿着路径旋转成型要具备三个要素：旋转轴、母线、路径，如图 2-42、图 2-43 所示。

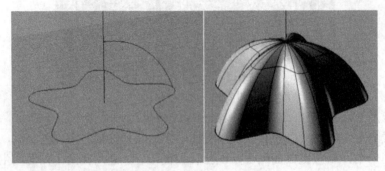

图 2-42　沿着路径旋转案例(一)

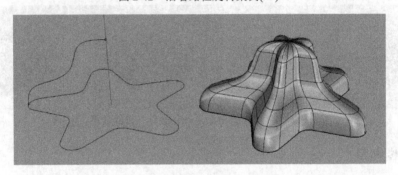

图 2-43　沿着路径旋转案例(二)

旋转成型需要处理的关键问题是收敛点位置。只要在收敛点(转轴处)处理好曲线末端，旋转出来的曲面在收敛点就可以变得很圆滑，完全看不出有尖点的存在，这无论是挤出成型还是四边成型都难以做到，如图 2-44 所示。

图 2-44　旋转曲面收敛点

2.4.3　四边成型

四边成型方式是用得较多的成型方式，NURBS 曲面是四边线的，整个曲面就是按照四条边以及内部曲面来构建的。这种类似的曲面特征是有四条边线，中间 U、V 两个方向的结构线，这种成型方式由于其在 U、V 方向上都是曲线，所以它就是双曲面，也叫自由曲面。四边成型命令包含以网线建立曲面、以 2～4 条边线建立曲面、放样建立曲面、单轨扫掠建立曲面、双轨扫掠建立曲面等，如图 2-45 所示。

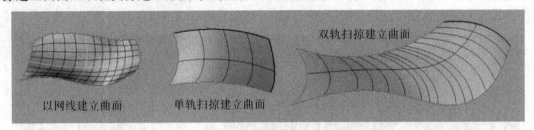

图 2-45　四边成型方式

1. 以网线建立曲面

单击"曲面"工具栏中的 按钮，选取提前绘制好的网格曲线。网格曲线一般包括四条边线，两条 U、V 方向的结构线，系统会自动判别通过该曲线网构造曲面所需非封闭或封闭曲线的数目，并在命令栏中给出提示或弹出一对话框。视频教程见 2.5 "网格铺面"。

2.5　网格铺面

系统弹出"以网线建立曲面"对话框，如图 2-46 所示。

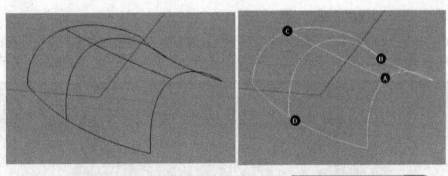

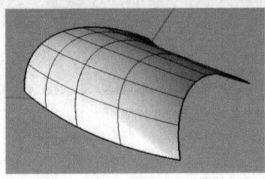

图 2-46　以网线建立曲面

在公差设置部分，可以更改曲线网内边缘曲线和内部曲线容差，一般系统默认的单位绝对公差值是 0.01，所以在这里要设置的参数比系统绝对公差 0.01 要小，比如 0.001，不然生成的网格曲面有可能组合不了。

在边缘设置部分，调整要生成的曲面的各边之间的连续性(或者和邻接曲面之间的连续性)，系统会在视图中用符号标注曲面的边。单击"确定"按钮，完成操作。

图 2-47 所示的网格曲线，边线只有两条，其中一条是整体的弧线。在这种情况下，"以网线建立曲面"命令用不了，解决方法是从中间打断弧线边线成两条曲线，如图 2-47 所示的②图的 A 线和 B 线，然后使用"以网线建立曲面"命令就可以了。

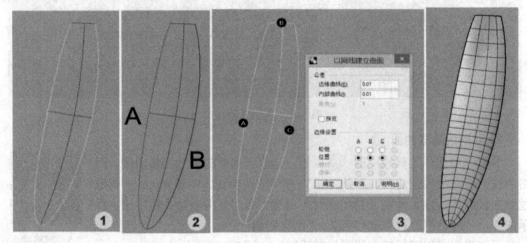

图 2-47　少于四边的网格铺面案例

2. 以 2～4 条边线建立曲面

单击"曲面"工具栏中的　　按钮，按照系统的提示，依次选择用来构造曲面的曲线(最多 4 条)，按 Enter 键，即可完成曲面的构造。该命令一般用于补面，如图 2-48 所示。

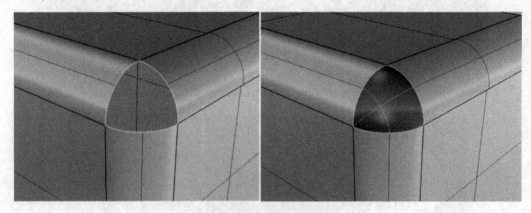

图 2-48　以 2～4 条边线建立曲面

3. 放样建立曲面

放样建立曲面是 Rhino 软件构造曲面的常用方法之一。单击"曲面"工具栏中的　　按钮，按照顺序选取曲线即可完成，一定要按顺序选取曲线，如图 2-49 所示。

选取要进行放样的曲线，即可进行放样。关于放样曲线的选取，也有不少细节要注意。

(1) 选取的类型：选取的必须都是封闭的(或都是开放)曲线。若选取的曲线同时含有封闭和不封闭的曲线，放样操作将不会继续。

(2) 选取的顺序：依次选取放样曲线。否则，放样后形成的曲面将出乎用户的意料。

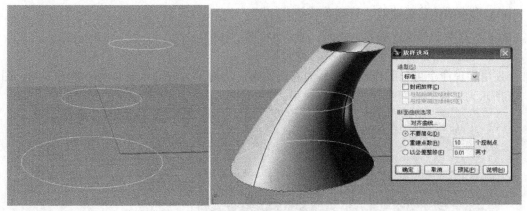

图 2-49　放样建立曲面

(3) 选取的位置：若选择不封闭的曲线进行放样操作，选择曲线时，鼠标的位置应该靠近同一方向的端点(同侧)。否则，放样成型的曲面与预期的曲面也将相差甚远。

图 2-50 上白线所指的方向代表曲线的法线方向。白线的起始点就是该曲线的接合点，选中此点，拖动鼠标，该点将沿着曲线移动。

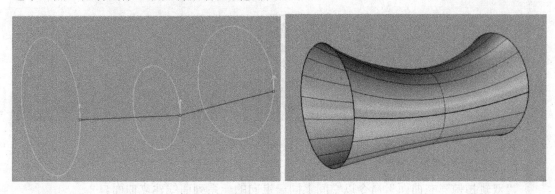

图 2-50　放样的法线方向

使用放样命令可以绘制各种曲面造型，如图 2-51 所示。

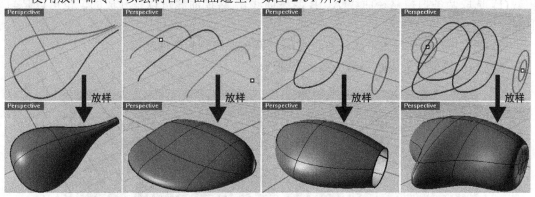

图 2-51　放样的不同效果

4. 单轨扫掠建立曲面

单击"曲面"工具栏中的 按钮，执行以下操作：

(1) 选择扫掠路径曲线，只能有一条。

(2) 选取断面曲线，可以有多条，各种形状都可以。

(3) 其设置与放样设置基本一样，确定即可。

使用扫掠命令可以制作模拟产品的卷边效果，常用于大块简单的曲面，如图 2-52、图 2-53 所示为鼠标的侧面带状曲面制作效果。

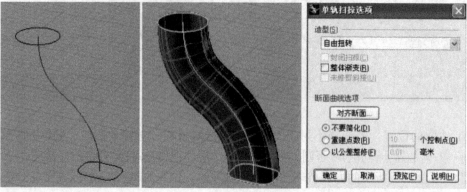

图 2-52　单轨扫掠案例(一)

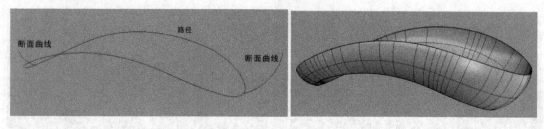

图 2-53　单轨扫掠案例(二)

5. 双轨扫掠建立曲面

"双轨扫掠建立曲面"命令以空间上同一走向的一系列曲线建立曲面。

单击"曲面"工具栏中的　按钮，执行以下操作：

(1) 选取两条扫掠路径曲线(A、B 两条曲线)，路径曲线可以是开放的，也可以是封闭的。

(2) 选取扫掠剖面线(C、D 两条曲线)，这两条曲线为封闭曲线；

双轨扫掠建模效果如图 2-54、图 2-55 所示。

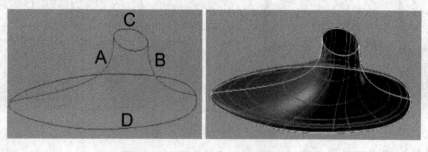

图 2-54　双轨扫掠生成曲面效果(一)

注意事项：

(1) 这些曲线必须同为开放曲线或闭合曲线。

(2) 在位置上最好不要交错。

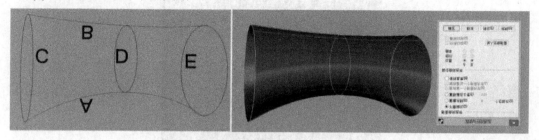

图 2-55　双轨扫掠生成曲面效果(二)

拓展练习：视频教程见 2.6 "电筒闹钟曲面"。

2.6　电筒闹钟曲面

6. 通过曲线和点拼凑曲面(patch)，也叫"嵌面"

嵌面功能通过若干条曲线来构造一个网状曲面，该命令适用于底边边线是圆弧状形曲线。选取用来构造曲面的曲线或点，按 Enter 键或鼠标右键结束。

系统弹出"嵌面曲面选项"对话框，如图 2-56 所示，其参数选项如下：

"取样点间距"：构造曲面时，将在输入的曲线上选取样点(每条曲线至少 6 个样点)，这一选项可以更改各个样点间的距离。

曲面上 U、V 方向的线框数可以直观地在视图上看到，选中"自动修剪"选项。

单击"预览"按钮，即可预览生成的曲面，单击"确定"按钮完成，如图 2-56 所示。

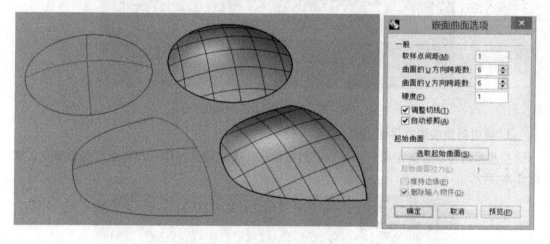

图 2-56　嵌面生成曲面效果

2.4.4　平面成型

1. 通过画 3 点或 4 点来建立平面

按照系统的提示，依次输入矩形平面的第 1 角、第 2 角、第 3 角点的位置，然后按 Enter 键或鼠标右键，即可通过 3 个角点构造一个曲面，也可以继续输入第 4 个角点的位置，即通过 4 个角点来建立平面，如图 2-57 所示。

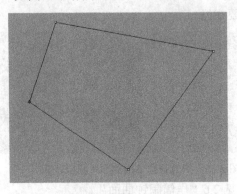

图 2-57　通过画 3 点或 4 点来建立平面

2. 通过闭合的平面曲线构造平面

选取用来构造曲面的曲线(注意要选择封闭的平面曲线)，完成选取后按 Enter 键，即可完成曲面的构造，如图 2-58 所示。如果曲线间有交叉，那么每条曲线将各自构成一个独立的面。

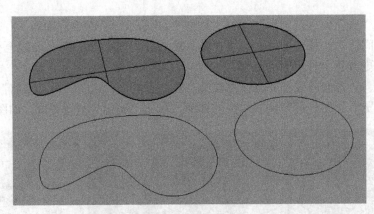

图 2-58　通过闭合的平面曲线构造平面

3. 通过对角线建立平面

按照系统提示先确定第一个角点，然后拉出一个矩形面，最后单击鼠标左键确认，如图 2-59 所示。

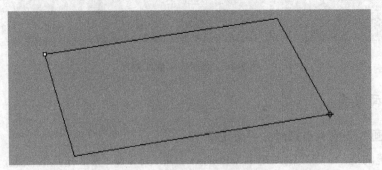

图 2-59　通过对角线建立平面

2.5　曲　面　编　辑

对于 Rhino 建模来说，面的操作是最复杂也是最重要的，通过不同的建面工具，可以把基本的造型做出来，但是必须要有细节的调整，才能够把产品细节做得更加丰富和真实。对于基础的面操作，首先应该掌握"曲面"工具栏中一些工具的使用。

左键按住 按钮不放，可弹出"曲面工具"工具栏，如图 2-60 所示。该工具栏包括多种曲面编辑功能，有些功能比较简单，有些功能用得比较少，本节就不一一介绍，重点介绍常用、重要的功能，主要有曲面倒圆角、曲面混接、曲面衔接、取消修剪，缩回已修剪曲面等。

图 2-60　"曲面工具"工具栏

2.5.1　两个曲面倒圆角

(1) 曲面倒圆角 。这个工具可以用来对两个相邻的曲面进行倒圆角处理，如图 2-61 所示。

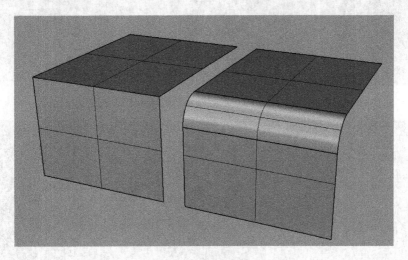

图 2-61　曲面倒圆角效果

(2) 不等距曲面圆角 。选择两个需要倒角的曲面，然后在两个端点处输入倒圆角的半径，可以利用曲面上圆角半径的手柄手动调节半径大小，如图 2-62 所示。

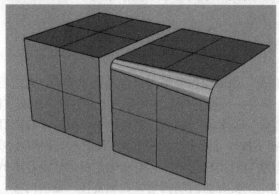

图 2-62　不等距曲面圆角

2.5.2　曲面混接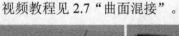

曲面混接工具主要用于在两个曲面之间建立平滑过渡的面，而且这两个曲面必须要有一定的距离，同时要有高度落差，才能进行混接操作。

选择两个要混接曲面的边线，注意过渡线起点要对应；可以调节混接转折的手柄生成不同的造型。例如：把水壶的手把与水壶本体进行平滑过渡，可以通过混接工具实现该造型。选择两个要混接曲面的边线，如图 2-63 所示，过渡线的起点要取特殊位置——四分点位置，以达到圆滑过渡。调节后的缝隙连接如图 2-64 所示。

视频教程见 2.7 "曲面混接"。

2.7　曲面混接

  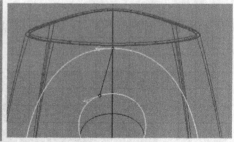

图 2-63　水壶过渡面混接(一)

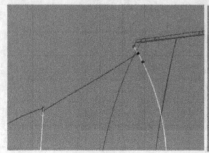  

图 2-64　水壶过渡面混接(二)

2.5.3　曲面偏移

利用曲面偏移工具可以将曲面往前、后两个方向偏移复制，这种偏移会根据曲面的曲率进行相应的变化，可以偏移一定距离后生成实体造型。该命令常用于偏移曲面来做辅助建模，如图 2-65 所示。

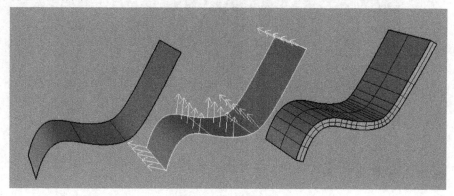

图 2-65　曲面偏移效果

2.5.4　曲面衔接

曲面衔接工具用来对两个相邻的面进行匹配处理，使得两个曲面呈现 G0(位置)、G1(相切)、G2(曲率)不同的连续效果。经过衔接后，两个相邻的曲面可以达到较好的连续性，更加光滑，可以结合成一个单独的曲面，从而方便做其他的处理。如图 2-66 所示的浅灰色面是调整后的效果。

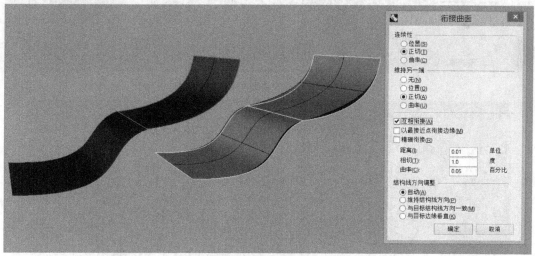

图 2-66　曲面衔接效果

2.5.5　取消修剪

取消修剪命令主要用于修补单一曲面(不能是组合曲面)的孔、洞。很多时候对曲面进行切割后，在后续的建模过程中发现不要这些孔、洞了，需要填补好，如果用常规命令修补很耗时，而且效果不好，用这个命令一键就可以搞定，如图 2-67 所示。

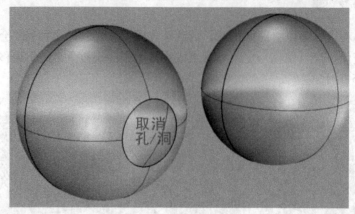

图 2-67　取消修剪效果

2.5.6　缩回已修剪曲面

"缩回已修剪曲面"命令主要用于修剪后的曲面的控制点缩回贴合修剪后的曲面边缘，如图 2-68、图 2-69 所示的中间圆弧面和圆环面是修剪后的曲面，但是这两个曲面的控制点没有贴合修剪后的曲面边缘，不方便后期的曲面调整。使用"缩回已修剪曲面"命令实现控制点缩回，就可以对曲面控制点进行调整。

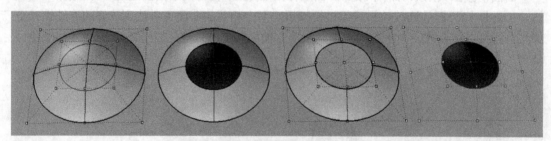

图 2-68　修剪后的曲面控制点没缩回

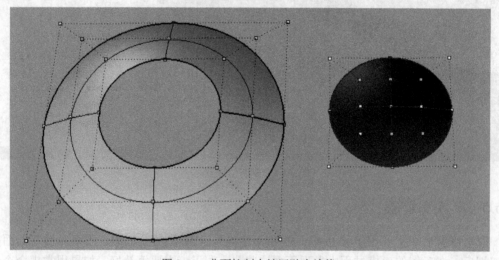

图 2-69　曲面控制点缩回贴合边缘

2.6　实体绘制与编辑

2.6.1　实体绘制

Rhino 提供了一些标准的几何实体模型，如图 2-70 所示。鼠标左键按住主工具栏的 ▥ 按钮，系统将弹出"建立实体"工具栏。

(1) 长方体：单击"建立实体"工具栏中的 ▥ 按钮，首先画底面，然后在透视图里拉出一长方体。

(2) 球体：画球体的方法有几种，可以通过球心和半径画一球体，也可以通过直径画一球体，还可以通过三点画一球体。

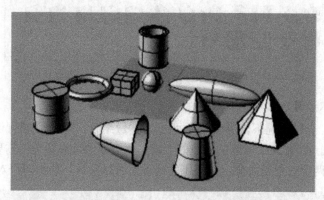

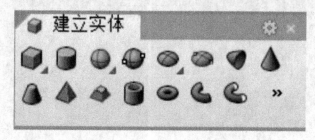

图 2-70　"建立实体"工具栏

(3) 椭球体：单击"建立实体"工具栏中的 ◉ 按钮，首先确定椭球体的中心，椭球体是轴对称图形，然后确定三个对称轴，完成操作。

(4) 抛物体：单击"建立实体"工具栏中的 ◔ 按钮，首先画抛物体的焦点，然后确定对称轴，最后拉出一抛物体。

(5) 圆锥：单击"建立实体"工具栏中的 △ 按钮，首先确定圆锥底面的圆心、半径，画出圆锥的底面之后，确定圆锥的顶点，完成操作。该命令有一参数 Vertical，使用此参数画出来的圆锥垂直于当前视窗的作图平面。

(6) 圆柱：单击"建立实体"工具栏中的 ▯ 按钮，先画底面，然后再确定圆柱的高。

(7) 圆柱管：单击"建立实体"工具栏中的 ▯ 按钮，先画底面(两个同心圆)，然后确定圆柱的高。该命令同样有 Vertical 参数。

(8) 圆环：单击"建立实体"工具栏中的 ⬭ 按钮，首先确定圆环的圆心，接着确定圆环的圆截面的半径，完成操作。

(9) 管道：单击"建立实体"工具栏中的 ⬭ 按钮，选取管道的环绕曲线，输入管道的起始端半径值，输入管道的末端半径值，完成操作。

2.6.2　实体编辑

用鼠标左键按住 ⬭ 按钮，弹出"实体工具"工具栏，如图 2-71 所示，包括布尔运算的并集、差集、交集、线切割、倒圆角/倒斜角、加盖等常用功能。

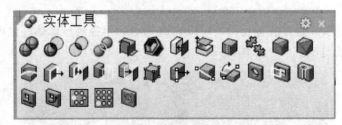

图 2-71　"实体工具"工具栏

1. 实体的布尔运算

(1) 并集 ⬭。一般情况下，并集用于两个物体做结合，是为了进行倒角或融合处理，该功能是不可逆的。如图 2-72 所示的水壶的壶嘴与壶身要做过渡圆角，需要将壶嘴和壶身做并集处理，要注意两个对象是实体，如果不能确保是否是实体，要把两个对象法线都朝外。

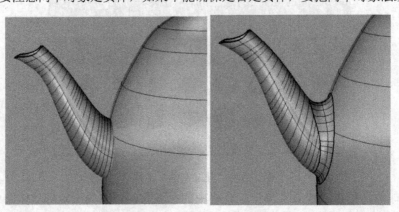

图 2-72　布尔运算并集案例

(2) 差集 ⬭。布尔运算差集的使用率比较高，是两个实体或曲面相减而得到的造型。两个参与差集的对象最好是实体，曲面要加盖形成实体，如果差集失败，注意检查法线是否有问题。一般情况下，实体与实体之间的差集出现问题的几率不大，容易出错的情况是实体与曲面的差集，如图 2-73 所示。在布尔运算差集中，切割用的曲面法线对差集运算有很大的影响，法线朝哪边就会保留哪边。视频教程见 2.8 "布尔运算差集"。

2.8　布尔运算差集

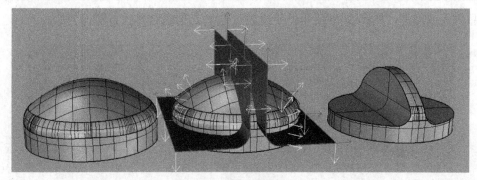

图 2-73 布尔运算差集案例

如图 2-74 所示，旋钮主体法线朝外，A、B 两个曲面(切割用)法线朝内聚拢，意味着要保留①②两个小块位置，但最后保留的造型只有①部分，差集时，①之外的部分都被删掉了。

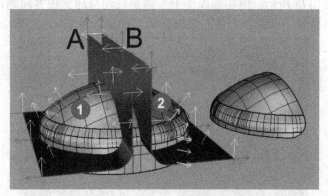

图 2-74 切割曲面法线方向的调节

虽然切割曲面的法线方向对布尔运算差集切割很重要，但被切割的主体法线也是影响因素，如图 2-75 所示的旋钮主体法线朝内，会发生错误；A、B 两个曲面(切割用)法线朝外，①②部分就会被切空，因此被切割对象的法线一定要朝外。

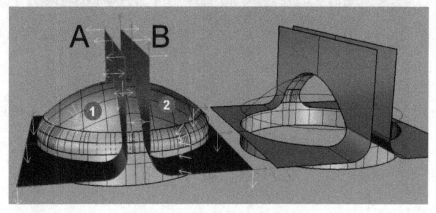

图 2-75 旋钮主体法线方向的调节

(3) 交集 ⊙。交集也是比较常用的功能，就是两个实体或曲面相交的部分为最终得到的造型。一般是从产品的俯视图和侧视图挤出成实体或曲面造型进行相交，取相交部分就是产品的大体造型。如图 2-76 所示的手表表盘造型就是用这样的方法得到的。

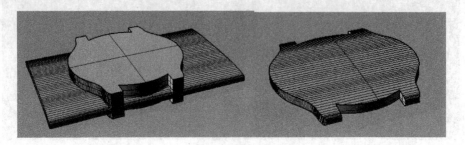

图 2-76　布尔运算交集案例

2. 实体倒圆角 📦

实体倒圆角可以实现等距倒圆角和不等距倒圆角，调节圆角半径手柄(带白点手柄)即可，如图 2-77、图 2-78 所示。但实际操作上实体倒圆角会遇到很多问题，倒圆角有一定的规律，在第 3 章节设置了倒圆角专题介绍倒圆角，详细内容见专题介绍。

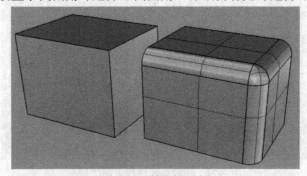

图 2-77　等距倒圆角

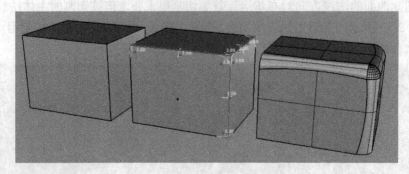

图 2-78　不等距倒圆角

2.7　对 象 操 作

在 Rhino 中，对象包括点、二维图线、曲面和实体，对象的操作是 Rhino 中非常基本并且极为重要的内容，熟练掌握对象操作的相关命令，可以大大提高建模的效率和质量。对象操作包括以下常用操作：组合/炸开、分割、修剪、三维缩放、移动、旋转、镜像、矩形阵列与环形阵列、三维缩放等功能。

1. 组合/炸开 ![图标]/![图标]

组合/炸开功能用来组合/炸开线条、曲面、实体，可以将如图 2-79 所示的 A 和 B 线条组合成一条线(红色)，组合之后也可以炸开成两条线条。组合和炸开命令是对立的、可逆的，在实际建模过程中，可以根据需要进行多次组合和炸开。

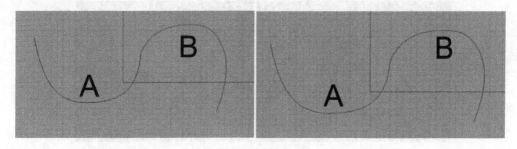

图 2-79　组合/炸开对象

2. 分割 ![图标]

分割具体操作：选中要被剪切的线条，然后选用来剪切的线条，分割对象但不删除对象，非常方便后续的对象操作。需要使用分割的情况有：线与线之间的分割、线与面之间的分割、面与体之间的分割，涉及复杂的多重曲面之间或实体之间的切割，一般使用布尔运算差集。分割命令更多用于线、线之间，线、面之间的分割。如图 2-80 所示的产品分割面制作，先将曲线投影至曲面表面，然后应用分割命令，曲面被投影线分割，切割出所需要的曲面造型。

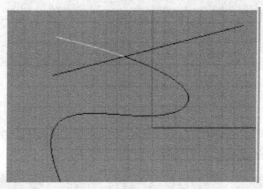

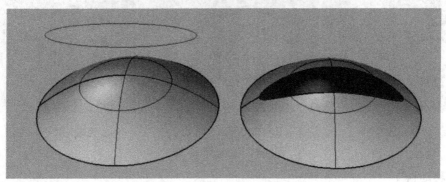

图 2-80　分割命令应用案例

3. 修剪 🔧

修剪具体操作：选取用于切割的曲线(曲线)，再选取需修剪掉的部分曲面，如图 2-81 所示。在图 2-82 中，需要对重复曲线进行修剪，选取修剪命令，全选所有的曲线，确定后，点击需要删除的曲线，则点击选中的曲线即会被删掉。

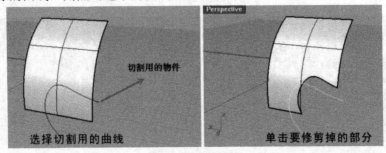

图 2-81　修剪曲面

图 2-82　修剪曲线

4. 三维缩放 📦

三维缩放功能用来缩放实体尺寸，三个方向都是等比例缩放，常用于模型调整的情况下，使缩放模型达到比例或尺寸上的协调，如图 2-83 所示。

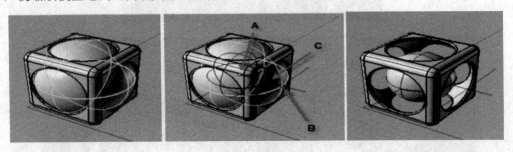

　(a) 选取缩放实体　　　　　(b) 指定缩放参考点　　　　　(c) 完成球体三轴缩放

图 2-83　三维缩放对象

5. 移动 ⬚

移动对象具体操作：选择要移动的长方体，以一端点作为基点，拖动移动对象到目标点，如图 2-84 所示。

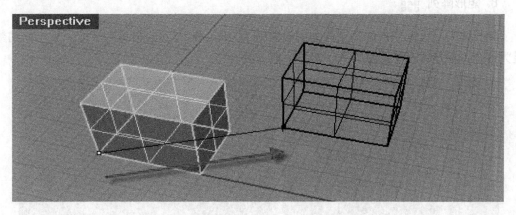

图 2-84　移动对象

6. 旋转

旋转对象具体操作：选择要旋转的长方体，先确定旋转中心，再确定旋转角度或旋转位置，如图 2-85 所示。

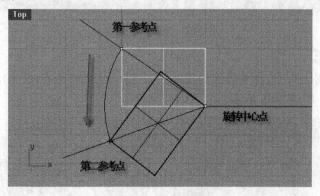

图 2-85　旋转对象

7. 镜像

镜像具体操作：选择要镜像的物体(A 线)，选择对称轴(B 线)完成镜像，如图 2-86 所示。镜像对象可以是曲线、曲面、实体等，是常用的命令，也是要重点掌握的命令。

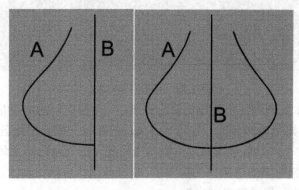

图 2-86　镜像对象

8. 矩形阵列

矩形阵列具体操作：选择要阵列的对象(圆)，确定 X 方向的数量为 8 个，Y 方向的数量为 8 个，Z 方向的数量为 1 个，如图 2-87 所示。

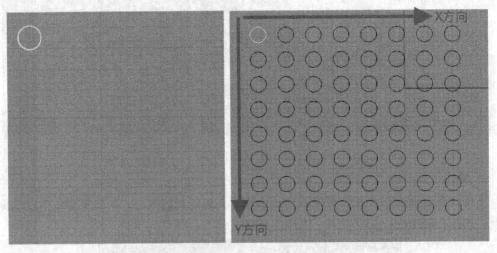

图 2-87　矩形阵列对象

9. 环形阵列

环形阵列具体操作：选择要阵列的物体(三个圆)，选择中心点(白点)，输入复制数量为 8 个，旋转 360°，如图 2-88 所示。

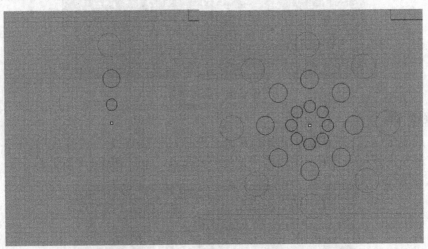

图 2-88　环形阵列对象

【案例应用】　本案例制作空气净化器的进风口，主要应用的命令是环形阵列和布尔运算差集，主要的思路如图 2-89 所示。先绘制进风口的孔单元的封闭线条，然后挤出成实体，再环形阵列数量 120 个，然后运用布尔运算差集相减，空气净化器主体被 120 个单元体相减，就可以得到空气净化器的进风口的造型了，空气净化器进风口制作过程如图 2-90 所示。视频教程 2.9 "空气净化器进风口制作"。

拓展教程：水壶建模，视频教程见 2.10 "水壶建模"。

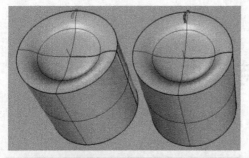

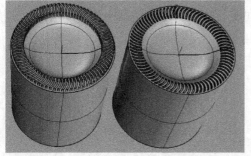

图 2-89 空气净化器进风口制作过程(一)

2.9 空气净化器进风口制作

2.10 水壶建模

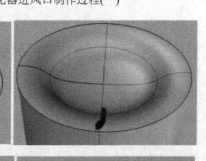

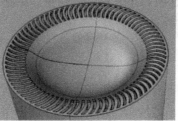

图 2-90 空气净化器进风口制作过程(二)

第 3 章　特殊曲面造型处理

【教学目标】

本章讲解两种常见的特殊曲面造型处理方法，即产品倒圆角和渐消面的建模，为后续复杂的曲面建模奠定了基础。

【教学内容提要】

(1) 产品倒圆角；

(2) 产品渐消面造型。

【教学的重点、难点】

重点：倒圆角的圆管法。

难点：渐消面建模方法。

3.1　产品倒圆角方法及案例

在 Rhino 软件中，模型倒圆角是非常重要的，但它有一定的难度，而且很容易出错，很多人在建模过程中一遇到倒圆角就很头疼，所以干脆不倒圆角，这时模型就会出现很多尖锐的边缘，这会导致模型质量下降和渲染时环境反射渡面等各种问题。

本节介绍的倒圆角的方法有以下三种：一是整体倒圆角，二是按倒圆角的顺序和半径原则倒圆角，三是辅助倒圆角。

3.1.1　整体倒圆角

产品造型整体倒圆角有助于衔接相关面。如图 3-1 所示的多面交接的地方，倒圆角容易出错。图 3-1 中对左图三条边线①、②、③进行倒圆角，如果是分开边线进行倒圆角就容易出问题，设置第一条边线倒圆角半径为 5 mm，可进行倒圆角，但第二条边线就倒不了圆角了。视频教程见 3.1 "整体倒圆角"。

3.1　整体倒圆角

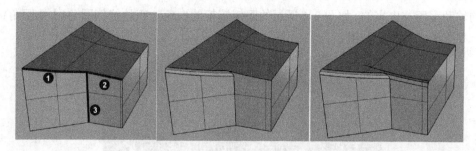

图 3-1　产品造型整体倒圆角案例(一)

　　这说明分开单边倒圆角的方法不可行，这时需要采用整体倒圆角的方法进行尝试，经尝试，三面交界处倒圆角成功。

　　接着倒如图 3-2 所示①面的边线的圆角，三条边线一起选中，符合整体倒圆角的原则，倒圆角的半径跟之前圆角半径一样，都是 5 mm，发现出现错误了，则倒圆角失败。问题在于输入的圆角半径上，此时需要用按倒圆角的顺序和半径原则倒圆角的方法来解决。

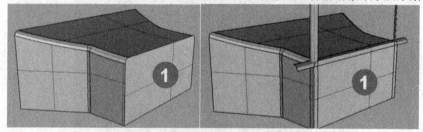

图 3-2　产品造型整体倒圆角案例(二)

3.1.2　按倒圆角的顺序和半径原则倒圆角

　　图 3-2 中①面的边线倒圆角失败是因为大半径圆角无法过渡到小半径圆角，在衔接位置处，后面输入的圆角半径要小于原来的圆角半径，这个值读者可以自己设置看看，如图 3-3 所示。在这个案例中，全部选取①面的红色边线，圆角半径设为 4.5 mm，倒圆角成功。

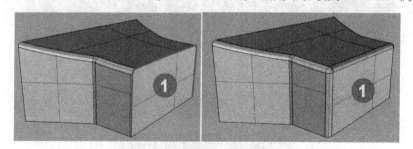

图 3-3　倒圆角的顺序和半径原则

3.1.3　辅助倒圆角(圆管法)

　　在实际建模过程中，经常会遇到一些产品边线倒圆角，用了方法一、方法二都不行，这时就需采用辅助倒圆角法，即圆管法，应用圆管进行切割实体，形成交界面的落差空间，使用双轨扫掠进行补面，也就是说，这个方法所形成的圆角不是直接倒出来的，是通过一系列的辅助手段补出来的。如图 3-4 所示的眼镜镜架的白色加粗边缘倒圆角(实体圆角)用了方法一和方法二后都失败了。

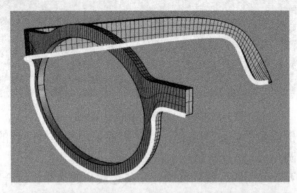

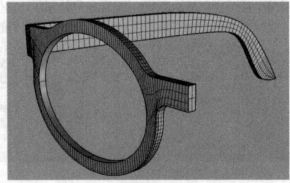

图 3-4　眼镜镜架边线倒圆角失败

　　现在应用圆管法：点击红色边线制作圆管 (平头或圆头都可以)，圆角半径为 2 mm，然后用"分割"命令 ，眼镜镜架被圆管分割，然后把圆管和镜架的交界部分被删除，圆管也被删掉，这样眼镜镜架边线、边缘出现了落差距离，如图 3-5 所示。

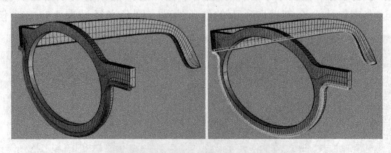

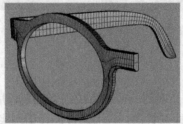

图 3-5　制作圆管分割曲面

　　接下来制作边缘的结构截面线，用"可调式混接曲线"命令 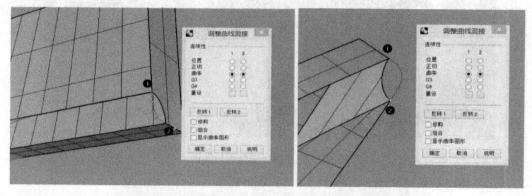 连接，"几何连续性"选择"曲率"，生成两条边线端点的结构截面线之后，复制提取落差处的两条边缘线，如图 3-6 所示，然后组合起来，用"双轨扫掠"命令 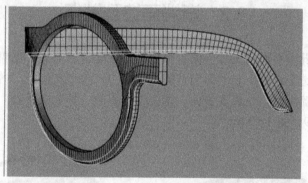 制作曲面，这样眼镜镜架这条边线的圆角制作完成，如图 3-7 所示。眼镜镜架其他边线的圆角也可参考同样的做法进行制作。

图 3-6　制作结构截面线和复制边线

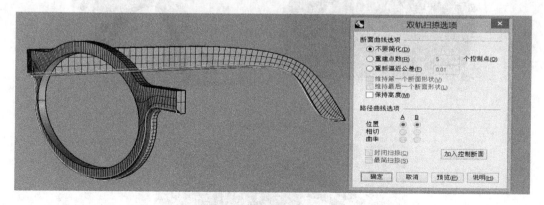

图 3-7　双轨扫掠制作曲面

3.1.4　电吹风风嘴倒圆角案例

　　在如图 3-8 所示的电吹风风嘴造型边缘倒圆角中，从硬朗曲面过渡到圆周面，造型逐渐柔和，所以倒圆角的半径值也要作相应调整：① 处较为硬朗，设定圆角半径为 2 mm，② 处造型完全光滑柔和，所以此处圆角半径值为 0。

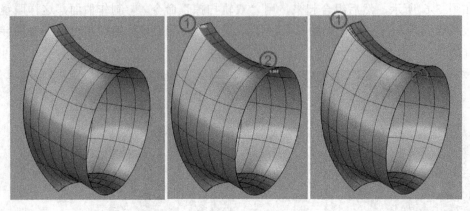

图 3-8　电吹风风嘴倒圆角案例

3.2　渐消面造型制作

渐消面特点：此类曲面沿主体曲面走势延伸至某处自然消失，也叫消失面。渐消面是产品设计中的一种造型语言，它的运用打破了中规中矩的产品造型，增添了流畅的美感，较能体现速度感和流畅感，是表现曲面、增强设计感的一种常用手段，在家电和汽车中运用得较多，如图 3-9、图 3-10 所示。

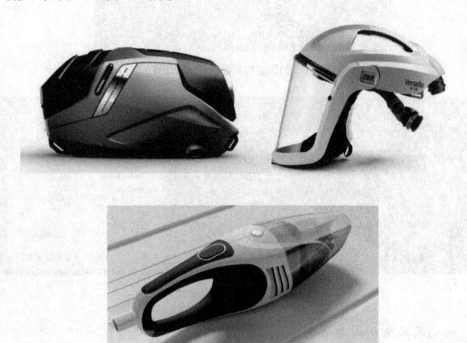

图 3-9　产品渐消面(一)

图 3-10　产品渐消面(二)

下面以电吹风把手的渐消面装饰作为案例讲解渐消面的制作，效果如图 3-11 所示。视频教程见 3.2 "电吹风把手渐消面制作"。

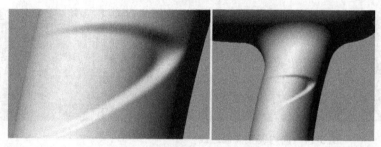

图 3-11　电吹风把手渐消面装饰造型

3.2　电吹风把手渐消面制作

(1) 绘制如图 3-12 所示的造型曲线，类似带状，应用 "投影" 命令 ，将曲线投影到把手上，并应用 "分割" 命令 ，将带状黑色曲面分割出来。

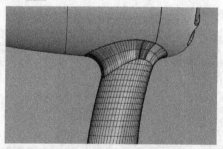

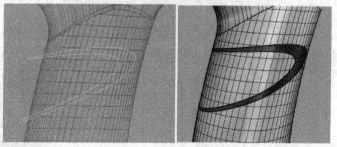

图 3-12　绘制造型曲线

(2) 将黑色带状曲面删除，应用 "曲面重建" 命令 ，将①曲面的 U、V 的点数分别调整为 6 个，应用 "缩回已修剪曲面" 命令 ，将①曲面的控制点贴合曲面边缘，然后打开控制点，选中最右边的一列控制点，往内部调整，注意观察其他视图效果，如图 3-13 所示。

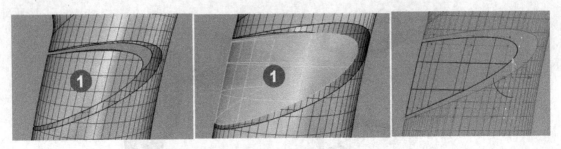

图 3-13　分割曲面

(3) 调整好最右边的曲面边缘，接着调整右边倒数第二列，控制点往内部调整的要小些，以此类推，最左边的控制点不调整，将调整好的①曲面镜像另一半，形成②曲面，如图 3-14 所示。

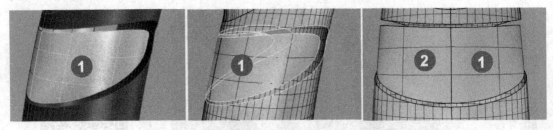

图 3-14　向内调整曲面边线

(4) 应用"混接曲面"命令，制作过渡曲面，发现黑色过渡面的结构线比较扭曲，这时需要调整结构线。在"调整曲面混接"窗口中，选择"加入断面"，打开"垂直点"捕捉，添加如图 3-15 所示的 5 条断面线(红色线)，这样蓝色的过渡面就比较平滑了。至此，电吹风把手的渐消面造型就制作完成了。

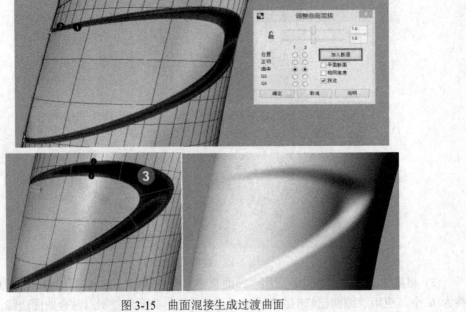

图 3-15　曲面混接生成过渡曲面

第 4 章　产品建模实践

【教学目标】

本章讲解基本的建模思路与方法，以多个常见具体案例讲解产品建模方法、建模技巧及注意事项，使读者具备建模能力。

【教学内容】

(1) 基本的产品建模思路；

(2) 基础产品模型建模——眼镜镜架建模；

(3) 中高级产品模型建模——台灯、电吹风建模；

(4) 创意方案设计建模——香薰灭蚊器、创意订书机建模。

【教学重点难点】

重点：建模思路、造型分析。

难点：产品造型中的特殊曲面建模。

4.1　产品建模思路

4.1.1　建模步骤

建模步骤是指为完成产品数字化模型所需要的步骤。在开始建模以前，需要对产品整体造型进行分析，将造型拆分成几个部分，每个部分涉及的造型曲面形态、结构、细节等方面要一一记录下来，对造型进行推敲，还原造型的建模过程。以实物为基础的产品建模步骤是：分析产品实物→造型分析→建模思路分析(拆面)→绘制三视图→分部分建立曲面→完善细节，产品实物的造型及建模思路分析如图 4-1 所示。视频教程见 4.1 "产品建模思路"。

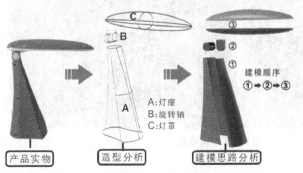

图 4-1　产品实物的造型及建模思路分析

4.1　产品建模思路

4.1.2　基于三视图的建模思路

产品实体建模的宏观思路是基于三视图生成的，这是较为有效的产品建模方法，下面以一款蜗牛椅为案例来讲解以三视图为思路的产品建模过程，提供给读者作为建模参考。视频教程见 4.2 "蜗牛椅建模"。

4.2　蜗牛椅建模

1. 绘制三视图

这款蜗牛椅以蜗牛的侧面形态为原型进行演变，并根据椅子的造型特点进行侧面形态同构，进行平面立体化设计，以右、正视图为主，其他视图作为参考，如图 4-2 所示。

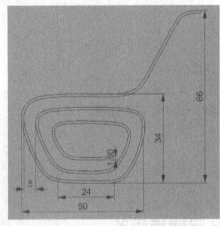

(a) 右视图

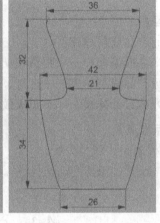

(b) 正视图

图 4-2　蜗牛椅右、正视图

2. 拉伸成型

选择"直线挤出"命令 ▣，分别将右、正视图的曲线进行拉伸成型，右视图的曲线拉伸高度为 50 mm，选择"加盖"命令 ▥，正视图曲线拉伸的实体高度要超过右视图拉伸的实体高度，如图 4-3 所示。

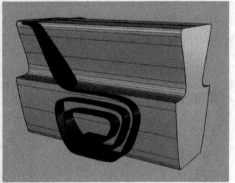

图 4-3　拉伸成型

3. 取两个实体的交集部分

使用"布尔运算交集"命令 ◓，求两个实体的相交部分，得到如图 4-4 的造型，蜗牛椅的基本造型就已经呈现出来了，这个方法较为快速、容易操作。

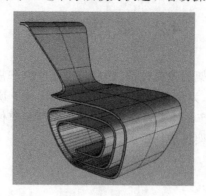

图 4-4　实体交集

4. 腰部造型切割

对蜗牛椅的腰部进行造型切割时，在俯视图绘制如下图的 TOP 视图的加粗曲线，选择"镜像"命令 ，两边对称镜像，选择"直线挤出"命令 ，拉伸曲面，拉伸时不能碰到下面的曲面，如图 4-5 所示。然后再选择"布尔运算差集"命令 ，进行造型切割，得到如图 4-6 所示的蜗牛椅的整体造型。

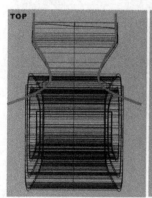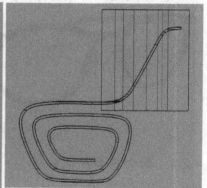

图 4-5　切割成型

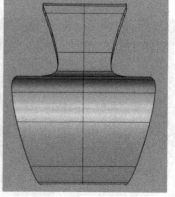

图 4-6　蜗牛椅的整体造型

4.2　眼镜建模

本节为大家展示眼镜镜架的建模过程，眼镜镜架是大家非常熟悉的产品，这个案例以 "眼镜"为参考对象进行建模，如图 4-7 所示。结合实际眼镜产品尺寸，进行产品建模思路分析。该眼镜镜架整体造型采用镜像方式，先建好一半镜架再进行镜像。

4.3　眼镜镜架建模

该眼镜镜架建模步骤：

(1) 绘制前面镜架曲线；

(2) 绘制侧面镜架曲线；

(3) 制作镜架整体曲线；

(4) 制作镜架曲面(上、下、后曲面)，将镜架围起来形成实体；

(5) 切除镜片部分；

(6) 制作鼻梁架部分；

(7) 镜像另一半造型。

视频教程见 4.3 "眼镜镜架建模(一)～眼镜镜架建模(四)"。

图 4-7　眼镜镜架建模效果

4.2.1　绘制前面镜架曲线

(1) 根据眼镜的特征，建议在草稿纸上大致绘制眼镜的三视图。回到 Rhino 软件界面，先在正视图绘制眼镜镜片的轮廓框架，用椭圆工具 "长短轴" 绘制眼镜镜片的图形，如图 4-8 所示。

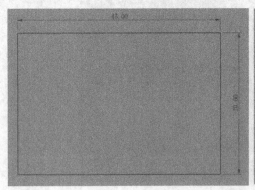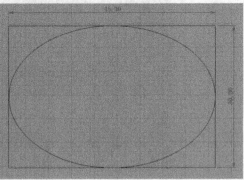

图 4-8　镜架轮廓曲线

(2) 用"偏移曲线"命令 ，往外偏移，偏移宽度为 3 mm，绘制如图 4-9 所示的曲线。

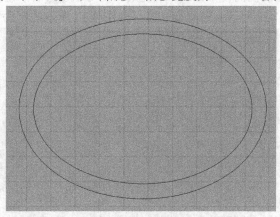

图 4-9 镜架轮廓曲线偏移

(3) 确定状态栏的"平面模式"已打开，绘制镜架转折部分曲线，注意所绘制的曲线要在一个平面上，并注意黑色点位置要对齐，如图 4-10 所示。

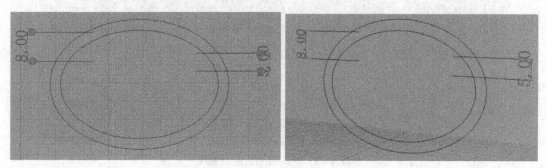

图 4-10 绘制镜架转折曲线

4.2.2 绘制侧面镜架曲线

切换到右视图，勾选"端点" ☑端点，捕捉转折位置的端点(黑色圆圈内)，捕捉到端点之后，及时勾选"停用" ☐停用，否则影响后续的操作。接下来绘制侧面镜架曲线，如图 4-11 所示。

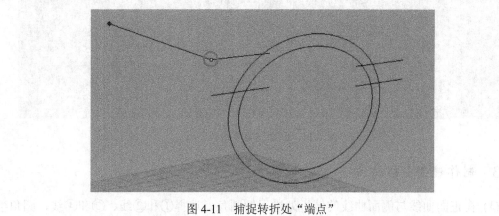

图 4-11 捕捉转折处"端点"

切换到右视图，绘制侧面镜架曲线。眼镜架长度可以参考两个镜片之间的长度+鼻梁架长度(120 mm)，如图 4-12 所示为鼻梁架长度，及图 4-13 所示的侧面镜架长度及曲线。

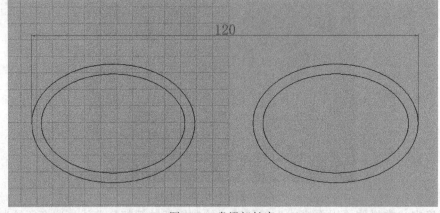

图 4-12　鼻梁架长度

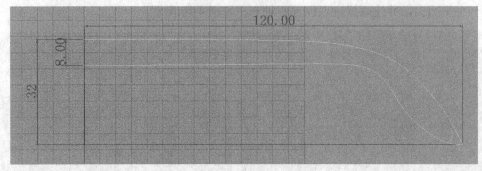

图 4-13　侧面镜架长度及曲线

切换到右视图，绘制侧面镜架曲线。用"控制点曲线"命令 绘制曲线，在绘制侧面镜架曲线时，打开状态栏的"正交模式" **正交** ，在水平方向上点击三四个控制点(黑色圆圈内)进行曲线的绘制，提高后续倒圆角的成功率，如图 4-14 所示。

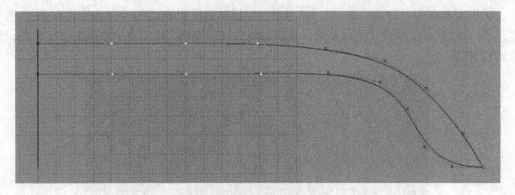

图 4-14　侧面镜架曲线控制点

4.2.3　制作镜架整体曲线

(1) 在正面曲线与侧面曲线的转折处进行倒圆角，选择①和②线、③和④线，圆角半径为 3 mm，如图 4-15 所示。

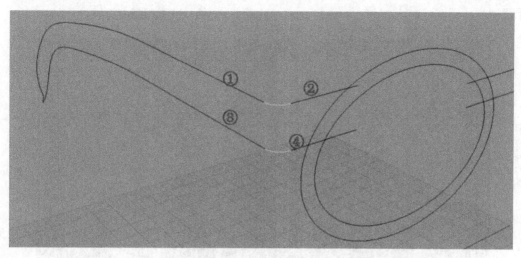

图 4-15　转折曲线倒圆角

(2) 使用"分割"命令 ，打断外圈圆弧线条，外圈圆弧形被打断成 4 段，如图 4-16 所示。

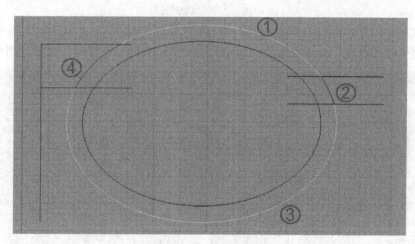

图 4-16　打断圆弧曲线

(3) 使用"分割"命令 ，打断四条水平线，并删除多余的线条，如图 4-17 所示。

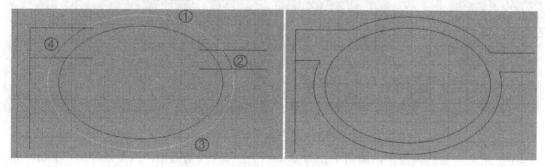

图 4-17　打断水平曲线

(4) 应用"倒圆角"命令 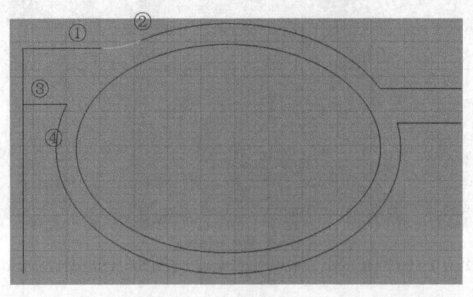，选择①和②线倒圆角，圆角半径为 15 mm，如图 4-18 所示。

图 4-18　①和②线倒圆角

(5) 在③和④线交点处画一个半径为3.5 mm的正圆，分割线条成如图 4-19 所示的形状，使用"可调式混接曲线"命令 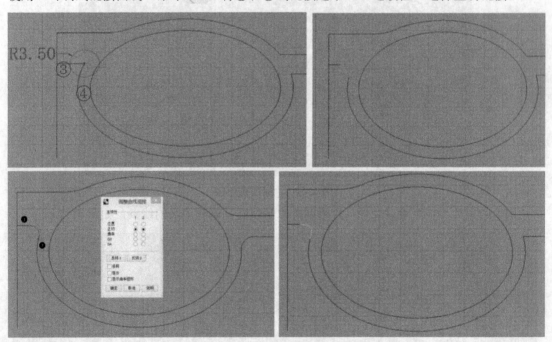，将③和④线混接起来，"连续性"选择正切混接。

图 4-19　③和④线混接曲线

(6) 对⑤和⑥线倒圆角，圆角半径为 5 mm；⑦和⑧线倒圆角，圆角半径为 3 mm，如图 4-20 所示。

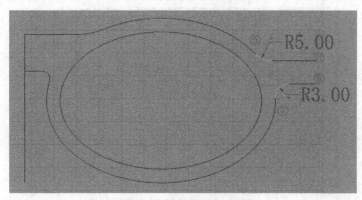

图 4-20 其他边线倒圆角

(7) 使用"组合"命令 🧩 组合 A 线条，切换到俯视图，使用"偏移"命令 🗒 偏移曲线，偏移距离为 2 mm，得到 B 线条，如图 4-21 所示。

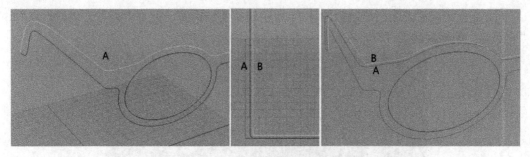

图 4-21 组合并偏移 A 线条得到 B 线条

(8) 选择 C 线条，切换到俯视图，选择"偏移"命令 🗒，偏移距离为 2 mm，要分两次偏移，得到 D 线条。选择"弧形混接"命令 🖵，然后将 D 曲线中间断开的部分进行混接，如图 4-22 所示，得到如图 4-23 所示的镜架 4 条完整的轮廓曲线。

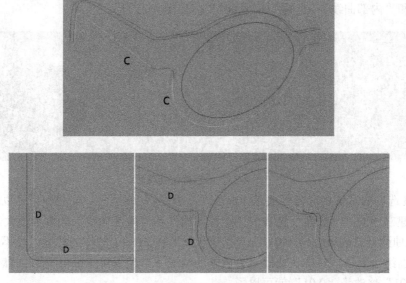

图 4-22 偏移 C 线条得到 D 线条

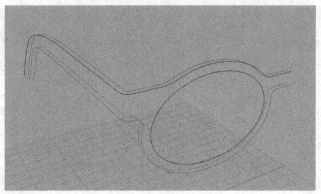

图 4-23　镜架 4 条轮廓曲线

4.2.4　制作镜架曲面

(1) 制作镜架前表面，绘制如图 4-24 所示的截面结构线，把"中点"、"最近点"、"垂直点"的捕捉功能打开，在转折处和中点处添加结构线。

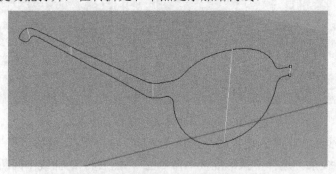

图 4-24　绘制镜架前表面截面结构曲线

(2) 用"以网线建立曲面"命令 建立曲面，依次选中曲线，设置"公差"选项中"边缘曲线"和"内部曲线"的参数为"0.001"，如图 4-25 所示。

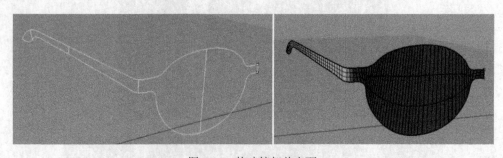

图 4-25　构建镜架前表面

Rhino 选项的默认绝对公差值是"0.001"，如图 4-26 所示，如果使用"以网线建立曲面"命令建立曲面，"公差"选项的"边缘曲线"和"内部曲线"的参数值大于"0.001"(网格建立曲面默认的公差是 0.01)，就容易导致步骤(2)～(4)制作的曲面组合不了。如果出现两个曲面组合不了，在确认曲面没有问题的情况下，建议将 Rhino 选项的默认绝对公差值从"0.001"修改为"0.01"就可以了。

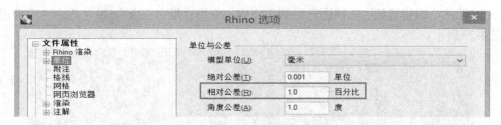

图 4-26 Rhino 选项的绝对公差

(3) 利用同样的原理(添加结构线,用网格命令)制作眼镜镜架背面的曲面,如图 4-27 所示。

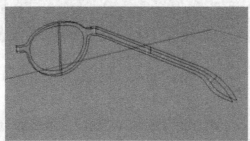

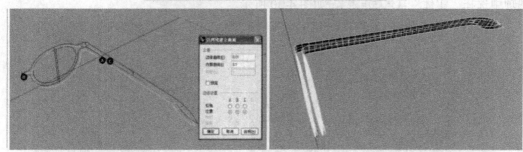

图 4-27 构建镜架背面曲面

(4) 绘制眼镜镜架上、下曲面截面结构线,添加方法与注意事项参考步骤(1),并使用 "以网线建立曲面"命令 🐾 建立镜架上、下曲面,将"公差"选项中"边缘曲线"和"内 部曲线"的参数设为"0.001",如图 4-28 所示。

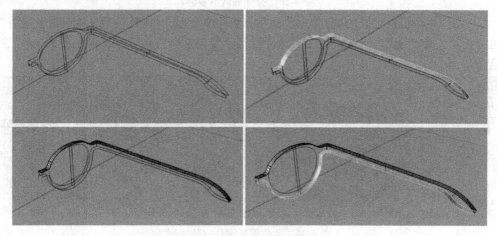

图 4-28 构建镜架上、下曲面

(5) 至此，眼镜镜架大的曲面已经制作完成，使用"组合"命令 ，组合 4 个曲面，如图 4-29 所示。

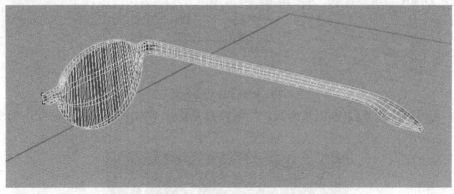

图 4-29　组合镜架的 4 个曲面

4.2.5　切割出镜片部分

(1) 选择曲线(在 4.2.1 步骤(1)已经绘制好)，选择"直线挤出"命令 ，拉伸出实体(在选项中选择"实体" 实体(S)=是)，如图 4-30 所示。

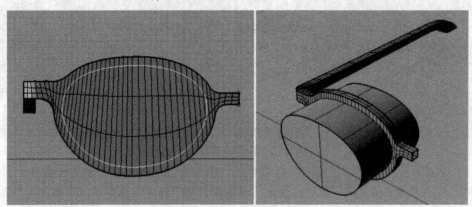

图 4-30　拉伸曲线成实体

(2) 制作镜架镜片空腔造型。选择"分析方向"命令 ，调整镜架法线朝外，使用"布尔运算差集"命令 ，先选镜架，后选圆柱体，镜架被圆柱体分割，得到如图 4-31 所示的造型。

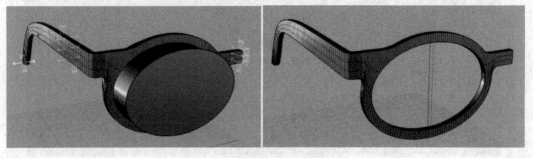

图 4-31　制作镜架镜片空腔造型

4.2.6　制作眼镜鼻梁部分

(1) 绘制曲线，注意线条光滑，选择"直线挤出"命令 ，拉伸曲线成曲面，如图 4-32 所示。

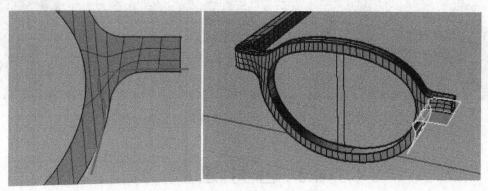

图 4-32　拉伸曲线成实体

(2) 使用"分割"命令 切割曲面，先炸开组合的眼镜曲面，分别切割多余的曲面，然后用"四边连接曲面"命令 将曲面连接起来，如图 4-33 所示。

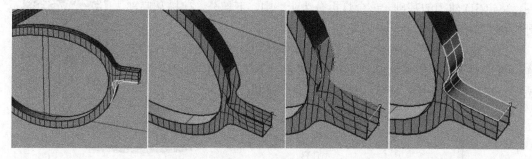

图 4-33　修补曲面

(3) 使用"组合"命令 组合镜架曲面，如图 4-34 所示。

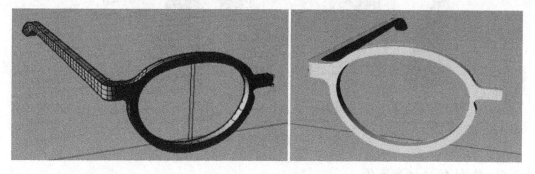

图 4-34　组合镜架曲面

4.2.7　镜像镜架另一半

至此，眼镜镜架的一半已经做完，接下来镜像另一半就可以了。选择"镜像"命令 ，以两个红点为基准点，即得到眼镜镜架的整体造型，如图 4-35 所示。

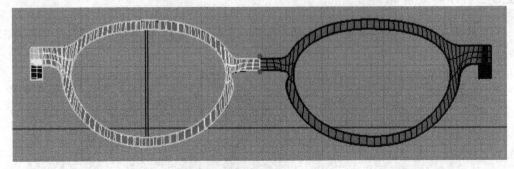

图 4-35　镜像眼镜镜架

4.3　台灯建模

　　以台灯实物进行建模，旨在锻炼读者对实物的观察与思考，并且对实物的形体关系、比例、结构都要做细致的了解，绘制实物的三视图，奠定 3D 建模的基础。该台灯拆分为上、中、下部分，建模从底部开始往上制作。

　　台灯建模思路：①制作灯身主体→②制作中部旋转轴部分→③制作灯罩造型→④制作其他细节，包括灯罩装饰条纹、灯管等，如图 4-36 所示。视频教程见 4.4 "台灯建模(一)~台灯建模(九)"。

4.4　台灯建模

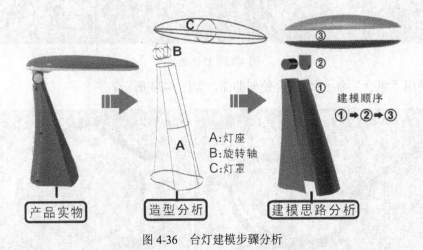

A:灯座
B:旋转轴
C:灯罩

建模顺序
①→②→③

产品实物　　　　造型分析　　　　建模思路分析

图 4-36　台灯建模步骤分析

4.3.1　绘制台灯灯身主体

　　测量台灯实物，绘制台灯的三视图，建议在纸上先用笔粗略勾绘。

　　(1) 在绘图窗口下，注意在俯视图中先绘制台灯灯身主体的俯视图("平面模式"下)。注意比例，白色线条在上面(不是在一个平面上)，如图 4-37 所示。

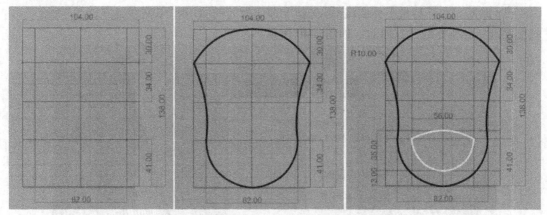

图 4-37　绘制台灯灯身主体俯视图曲线

（2）切换到右视图，绘制如图曲线，注意两边线端点的捕捉。注意各线条的造型走向，黑色块的线条为直线，如图 4-38 所示。在底座曲线端点处倒圆角，右视图的曲线与底座曲面的相交点在圆角的右边端点(黑色色块位置)，如图 4-39 所示。

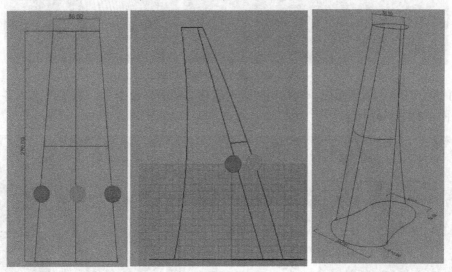

图 4-38　绘制右视图曲线

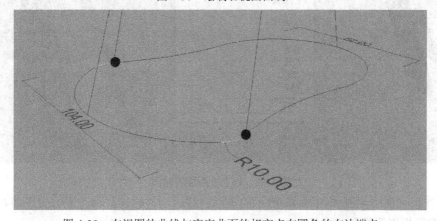

图 4-39　右视图的曲线与底座曲面的相交点在圆角的右边端点

(3) 绘制完台灯灯身主体曲线后，先建立前面板的曲面，用"以网线建立曲面"命令 ⚡，按顺序选中各条曲线建立曲面，如图 4-40 所示。

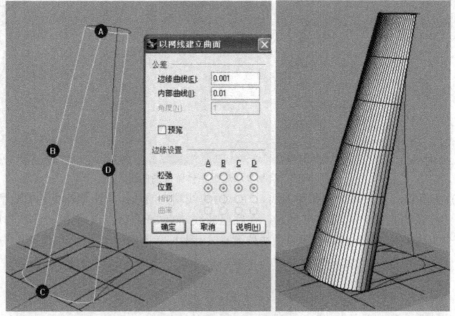

图 4-40　建立前面板的曲面

(4) 建立灯身主体后面板，同样用"以网线建立曲面"命令 ⚡，按顺序选中各条曲线建立曲面，如图 4-41 所示。

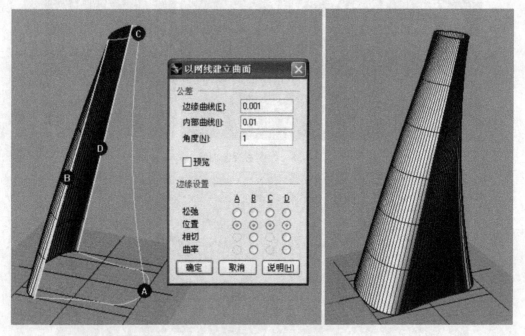

图 4-41　建立后面板的曲面

(5) 在正视图中绘制如图 4-42 所示的椭圆曲线，用"投影"命令 ⬜(投影要在正视图使用)将曲线投影到灯身前面板。

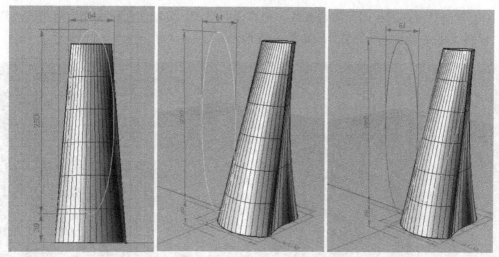

图 4-42　在正视图绘制椭圆曲线并投影

(6) 切割出灯身前面板的凹面，用"3 点画圆弧线"命令 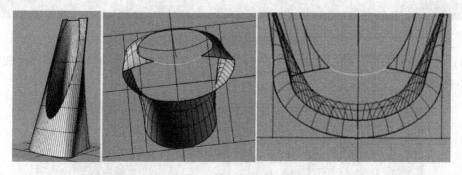 将凹面顶边线连接起来，如图 4-43 所示。

图 4-43　连接凹面顶边线

(7) 绘制灯身前面板凹面结构线(中点、四分点、垂直点捕捉打开，捕捉完成后记得要关闭该功能)，如图 4-44 所示。

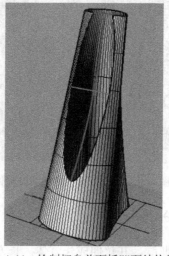

图 4-44　绘制灯身前面板凹面结构线

（8）复制灯身前面板凹面的边缘线，把其他面隐藏，分割凹面边缘线为两条线，然后用"以网线建立曲面"命令铺面，如图 4-45 所示。

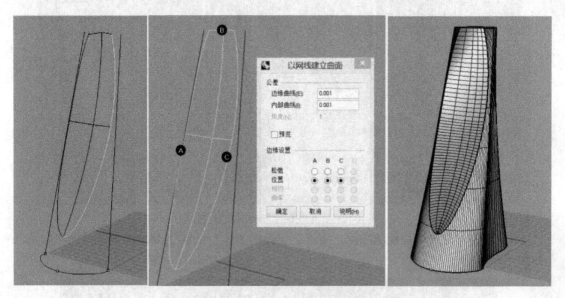

图 4-45　绘制灯身前面板凹面造型

（9）组合所有曲面，使用"加盖"命令 ⬚ 将灯身加盖，并组合灯身主体曲面成实体，如图 4-46 所示。

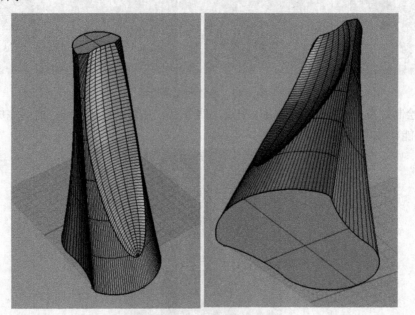

图 4-46　组合灯身主体曲面成实体

4.3.2　制作中间旋转轴部分

（1）绘制如图 4-47 所示的曲线，并拉伸成长方体，长方体长度超过灯身主体。

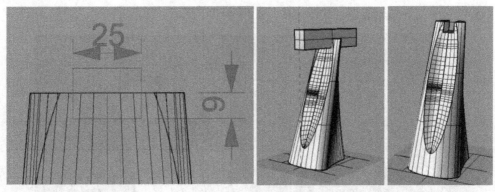

图 4-47　绘制长方体

(2) 绘制 L 形线条，并倒圆角，如图 4-48 所示。

图 4-48　绘制 L 形线条

(3) 应用"偏移"命令，将倒圆角后的 L 形线条的圆角圆心往左、往上各偏移 2 mm，绘制一个 R13 的圆形，用"拉伸"命令将 L 形线条拉伸成曲面，并用"布尔运算差集"命令，注意法线要朝下，保留灯身主体部分，切割出侧面旋转轴部分，如图 4-49 所示。

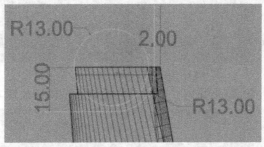

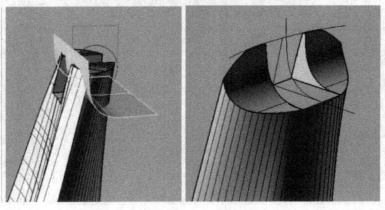

图 4-49　切割出侧面旋转轴部分

(4) 制作中间旋转轴造型，绘制实体，如图 4-50 所示。

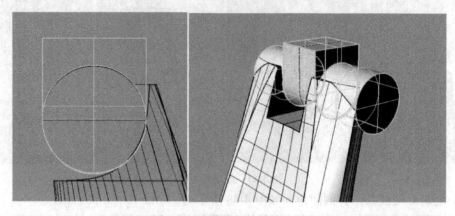

图 4-50　制作中间旋转轴造型

(5) 绘制旋转轴旋钮部分。

① 在右边旋钮圆柱上绘制 R11 的圆形，并删除中间圆形部分，绘制如图 4-51 所示的内凹 U、V 方向的弧线。

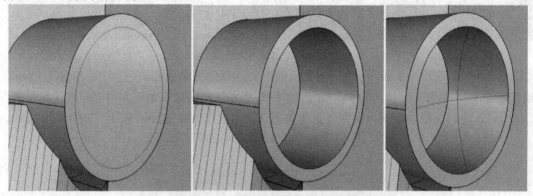

图 4-51　绘制内凹 U、V 方向弧线

② 应用"嵌面"命令 ◈ 生成内凹曲面，并绘制圆柱体，如图 4-52 所示。

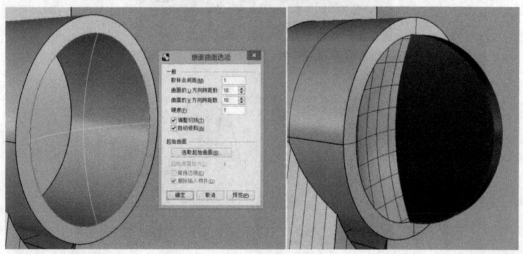

图 4-52　绘制内凹曲面

③ 绘制如图 4-53 所示的圆柱体，应用"布尔运算差集"命令 ，相减即得到旋钮造型。

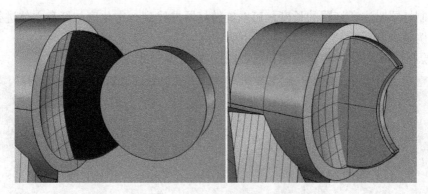

图 4-53 应用布尔运算差集相减得到旋钮造型

(6) 绘制灯身小夜灯灯罩曲线，如图 4-54 所示。在正视图中，应用"投影"命令 将其投影到中间凹面上，绘制中间结构线，用"嵌面"命令 生成曲面，如图 4-55 所示。

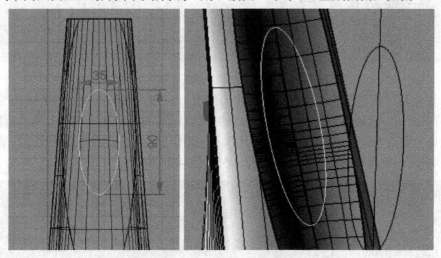

图 4-54 绘制灯身小夜灯灯罩曲线

图 4-55 "嵌面"命令生成曲面

4.3.3　制作灯罩部分

在绘制灯罩时注意灯罩的长度，可以旋转灯罩曲线到一定角度与灯身主体进行对比，看整体比例是否合适。

(1) 绘制灯罩尺寸图(在俯视图和前视图)，如图 4-56 所示。

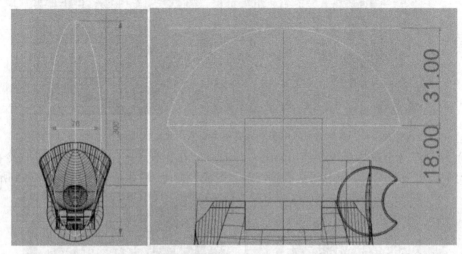

图 4-56　绘制灯罩尺寸图

(2) 注意灯罩轮廓线中心线在灯身的中心线上。注意上、下两条线的衔接光滑，重建上、下两条曲线，点数量为 6 个。打开曲线的控制点 🔧 进行调节，然后使用"衔接曲线"命令 〜 调节曲线光滑(衔接方式为互相衔接)。正视图中，注意红圈内的弧线是圆滑鼓起来的，可以画好一侧再镜像到另一侧，如图 4-57、图 4-58 所示。

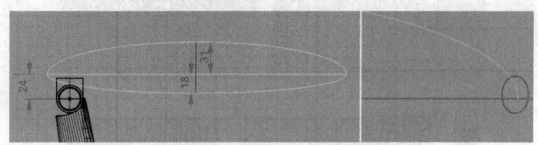

图 4-57　调节灯罩上、下弧线光滑(一)

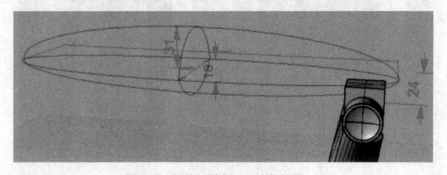

图 4-58　调节灯罩上、下弧线光滑(二)

(3) 使用"曲线重建"命令 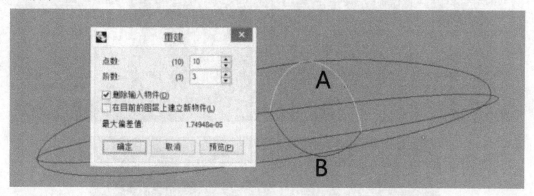 将图中 A、B 两条线进行重建，每条线条数量各为 10 个点，然后使用"衔接曲线"命令 调节曲线光滑(衔接方式为互相衔接)，如图 4-59、图 4-60 所示。

图 4-59　重建 A、B 两条线

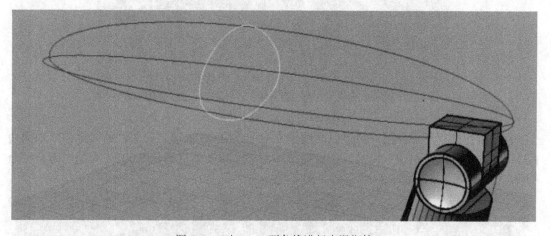

图 4-60　对 A、B 两条线进行光滑衔接

(4) 应用"打断"命令 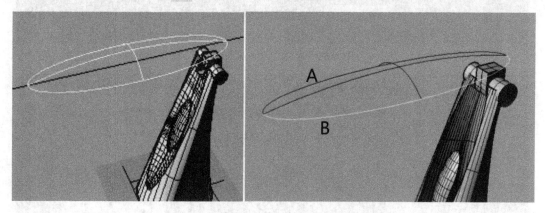 打断水平方向椭圆线为 A、B 两条线，如图 4-61 所示。

图 4-61　分割椭圆线成 A、B 两条线

(5) 用"以网线建立曲面"命令 建立灯罩上盖曲面，边缘曲线和内部曲线公差值都是 0.001，如图 4-62 所示。

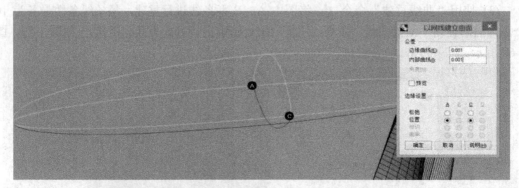

图 4-62　建立灯罩上盖曲面

(6) 制作灯罩下盖曲面，用"以网线建立曲面"命令 建立曲面，选取上盖"曲面边线"，A、C 处选"相切"衔接，边缘曲线和内部曲线公差值都是 0.001。应用"组合"命令 组合灯罩上、下盖，如图 4-63～图 4-65 所示。

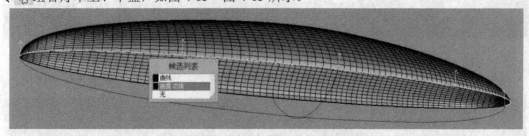

图 4-63　建立灯罩下盖曲面(一)

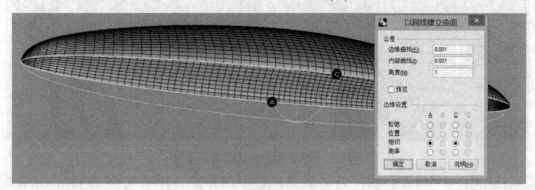

图 4-64　建立灯罩下盖曲面(二)

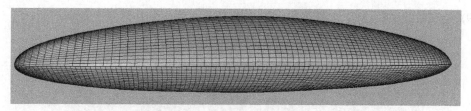

图 4-65 组合灯罩上、下盖

(7) 绘制曲线，如图 4-66 所示。

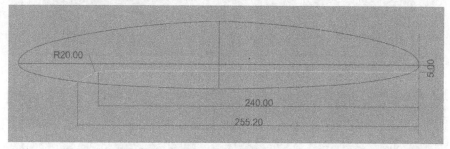

图 4-66 绘制曲线

(8) 将步骤(7)绘制的曲线拉伸成曲面，如图 4-67 所示，运用"布尔运算差集"命令 ，注意深色切割曲面法线朝上，如图 4-68 所示，保留上面部分，切出灯罩下盖造型，如图 4-69 所示。

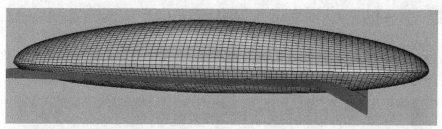

图 4-67 曲线拉伸成曲面

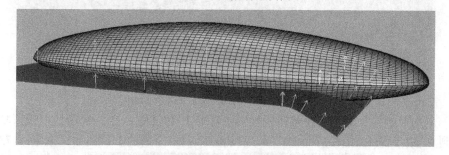

图 4-68 深色切割曲面法线朝上

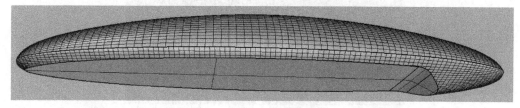

图 4-69 切出灯罩下盖造型

(9) 绘制曲线(AB 线)，如图 4-70、图 4-71 所示，用于制作灯罩上盖渐消面。

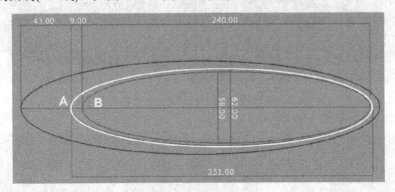

图 4-70　绘制曲线(AB 线)

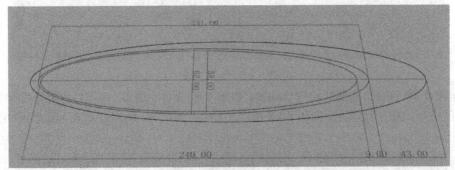

图 4-71　绘制曲线(AB 线)

(10) 先应用"炸开"曲面 炸开灯罩曲面，使用"偏移曲面"命令 ，将灯罩上盖曲面往下偏移 3 mm，如图 4-72 所示，偏移后的曲面见步骤(11)的红色 B 面。

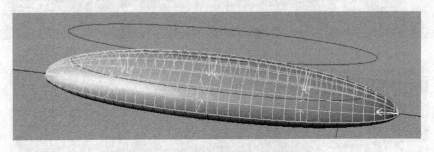

图 4-72　将灯罩上盖曲面往下偏移 3 mm

(11) 应用"投影"命令 将曲线投影至灯罩上盖(注意：在俯视图使用投影功能，B 线投影到 B 面(步骤(10)偏移后曲面)，A 线投影到 A 面(原来的上盖曲面)，如图 4-73 所示。

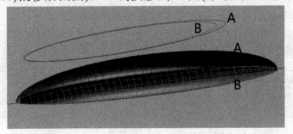

图 4-73　A、B 线条分别投影至灯罩上盖

(12) 应用"分割"命令切割灯罩上盖表面，注意：A 面是删掉中间的面，形成中空，如图 4-74 所示，B 面是删掉周边的面，如图 4-75 所示，蓝色曲面(A 面)和红色曲面(B 面)中间有一定距离的空隙。

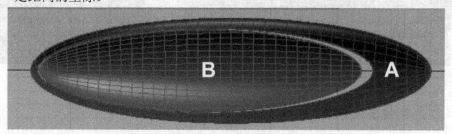

图 4-74　切割 AB 面

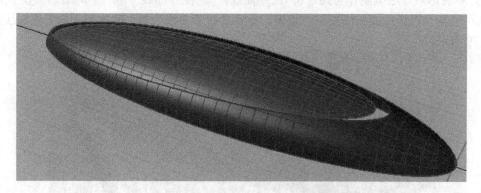

图 4-75　红色面是删掉周边的面

(13) 打开状态栏的"四分点"捕捉功能，在断面之间绘制结构线，见 A、B 位置的白色线，如图 4-76 所示。

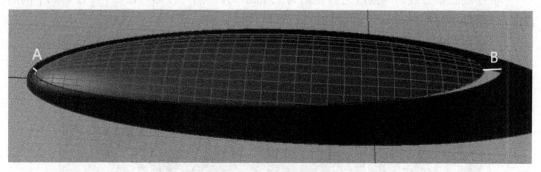

图 4-76　绘制断面结构线

(14) 使用"双轨扫掠"命令 制作 A 面与 B 面的过渡曲面，如图 4-77 所示，并组合灯罩整体曲面，如图 4-78 所示。

图 4-77　制作 A 面与 B 面的过渡

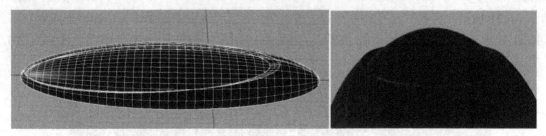

图 4-78　组合灯罩整体曲面

4.3.4　灯罩装饰条纹细节

灯罩装饰条纹造型制作思路：① 绘制曲线；② 投影曲线；③ 调节曲线；④ 生成圆管；⑤ 差集。投影后的曲线控制点过多，不容易调节曲线造型，解决方法是重建曲线，如图 4-79 所示。

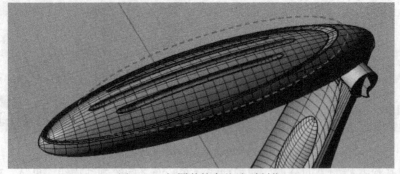

图 4-79　灯罩装饰条纹造型制作

(1) 绘制三条直线，两条线之间距离为 15 mm，并应用"投影"命令 📠 投影到中间的曲面，如图 4-80 所示。

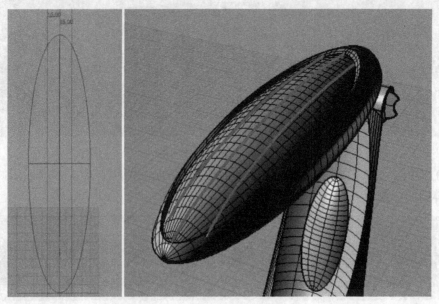

图 4-80　绘制投影曲线

(2) 原来的控制点非常多，不方便操作，也是本节的难点。解决方法：应用"重建"命令 🐴 对这三条直线进行曲线重建，每条直线有 10 个控制点，如图 4-81、图 4-82 所示。

图 4-81　重建三条直线

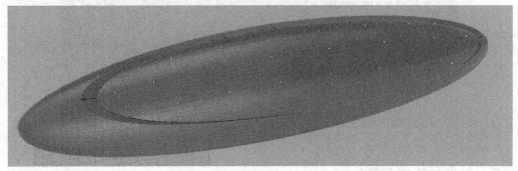

图 4-82　每条直线有 10 个控制点

(3) 选中中间一条曲线，按 F10 键打开曲线控制点。切换到右视图，调整曲线①位置(关闭捕捉)，如图 4-83 所示；同时选择两侧两条曲线，按 F10 键打开曲线控制点，调整曲线②位置，如图 4-84 所示。

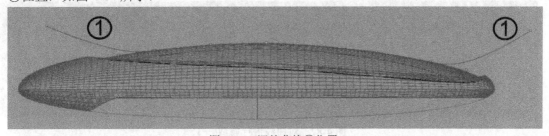

图 4-83　调整曲线①位置

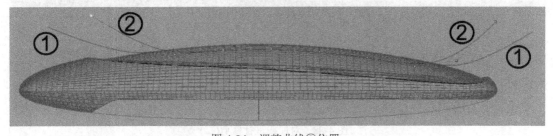

图 4-84　调整曲线②位置

(4) 应用"圆管"命令 建立三条圆管，圆管直径为 5mm，如图 4-85 所示。

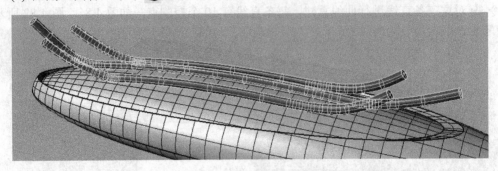

图 4-85　建立三条圆管

(5) 应用"组合"命令 组合灯罩整体曲面，使用"布尔运算差集"命令 ，灯罩被三条圆管切割，切割出灯罩装饰条纹，如图 4-86 所示。

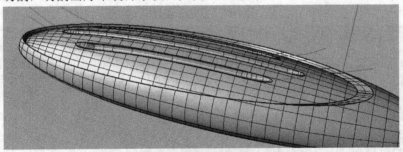

图 4-86　切割出灯罩装饰条纹

4.3.5　制作灯管凹面部分

(1) 选择原来绘制好的两条曲线(在 4.3.3 制作灯罩部分步骤(9)绘制的曲线)，并对曲线进行修剪，如图 4-87、图 4-88 所示。

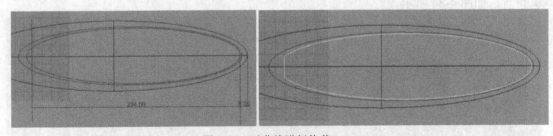

图 4-87　对曲线进行修剪(一)

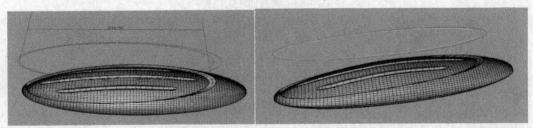

图 4-88　对曲线进行修剪(二)

(2) 应用"拉伸"命令 📦 拉伸曲线成实体，高度不要超出灯罩上盖，如图 4-89、图 4-90 所示。

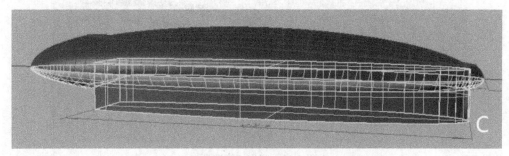

图 4-89　拉伸曲线成实体(一)

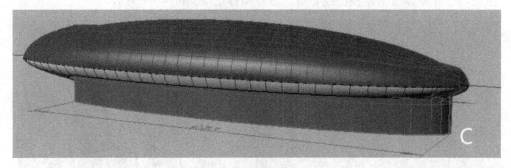

图 4-90　拉伸曲线成实体(二)

(3) 应用"布尔运算差集"命令 🔴 ，灯罩被造型实体 C 切割，先选蓝色灯罩，后选红色造型实体，切割出灯罩凹陷的造型，用于放置灯管，如图 4-91、图 4-92 所示。

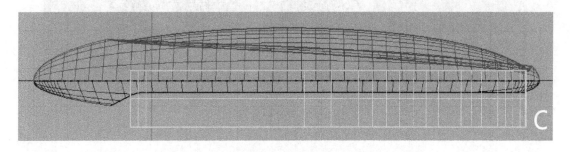

图 4-91　切割出灯罩凹陷的造型(一)

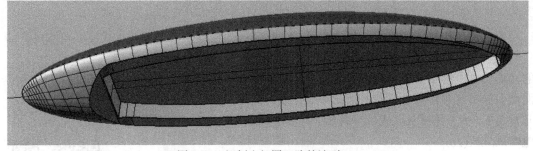

图 4-92　切割出灯罩凹陷的造型(二)

（4）制作灯管造型，如图 4-93 所示。

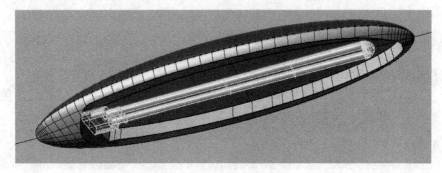

图 4-93　制作灯管造型

至此，台灯整体造型建模已经完成，台灯整体造型如图 4-94 所示。

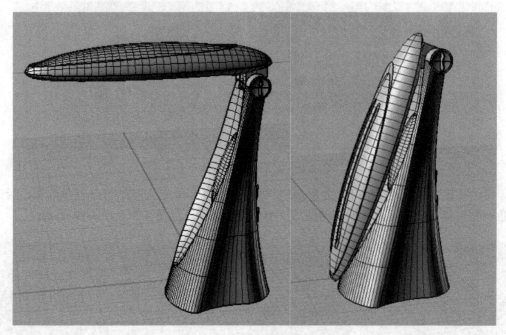

图 4-94　台灯整体造型

4.4　电吹风建模

　　本节练习建模飞利浦的一款电吹风，电吹风曲面较复杂，造型要求较高，电吹风产品实物与数字化模型如图 4-95 所示。复杂的曲面都是由线作为基础去绘制的，如果曲线绘制平滑，线条走线简洁，线条形体关系准确的话，对后面曲面建模有非常大的帮助，因此曲线按照一定规律和方法去绘制是非常重要的。本节建模从曲线绘制开始。视频教程见 4.5"电吹风建模（一）～电吹风建模（九）"。

　　该电吹风可拆分为上、下两个部分——主体和把手，电吹风建模步

4.5　电吹风建模

骤如下：

   (1) 绘制整体造型曲线；

   (2) 绘制主体造型曲面；

   (3) 制作风嘴；

   (4) 制作进风口细节；

   (5) 绘制把手造型曲面；

   (6) 完善其他细节，包括制作把手与主体过渡部分、旋钮部分，主体装饰条纹等。

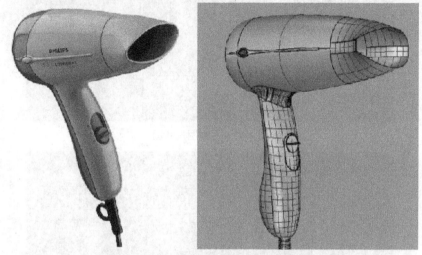

图 4-95　电吹风产品实物与数字化模型

4.4.1　绘制整体造型曲线

测量实际产品尺寸，根据尺寸关系，绘制电吹风的三视图，先绘制重要的视图。

(1) 正视图尺寸图如图 4-96 所示。

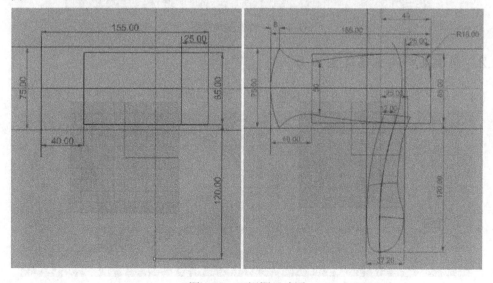

图 4-96　正视图尺寸图

(2) 在右视图绘制如图 4-97 所示的线条，透视图线条如图 4-98 所示，注意线条光滑。

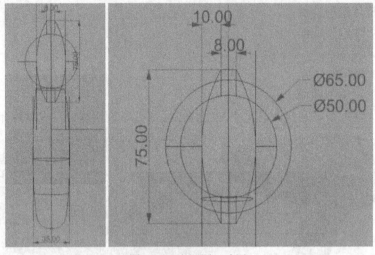

图 4-97　右视图尺寸图

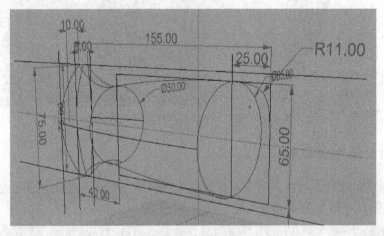

图 4-98　透视图尺寸图

4.4.2　制作电吹风主体造型曲面

(1) 应用"双轨扫掠"命令建立风筒主体，如图 4-99 所示，风嘴部分先不用建立。

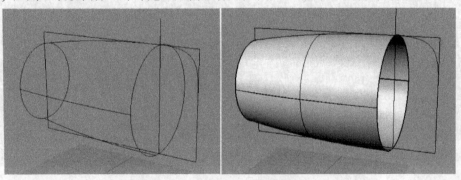

图 4-99　建立风筒主体

(2) 接着用"旋转成型"命令 🍋 制作风筒主体右边部分，如图 4-100 所示。

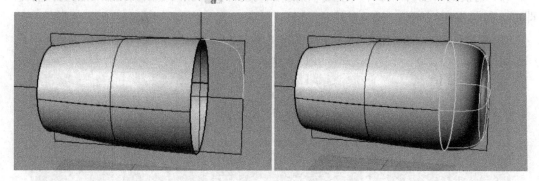

图 4-100 制作风筒主体右边部分

4.4.3 风嘴建模

(1) 在正视图及右视图绘制曲线，应用"偏移"命令 🖐 将正视图线条往左、右两边偏移，偏移距离各为 4 mm，如图 4-101 所示。

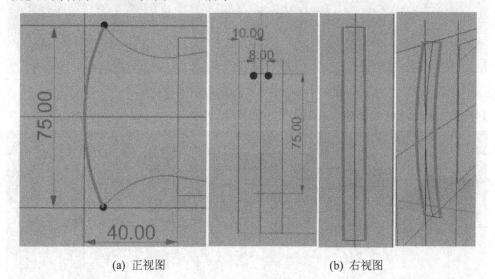

(a) 正视图 (b) 右视图

图 4-101 偏移线条

(2) 在"点的编辑"工具栏中单击 🖐 按钮，如图 4-102 所示，将上图加粗线条以内插点方式显示。

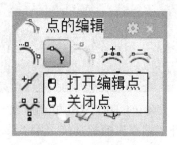

图 4-102 "点的编辑"工具栏

(3) 切换到右视图，打开"垂直"捕捉点功能，拉动弧线中间的内插点至垂直捕捉点即可，如图 4-103 所示。

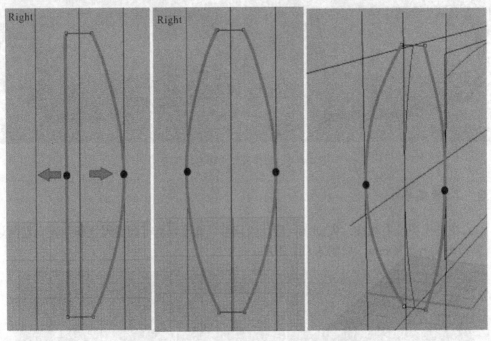

图 4-103　拉动弧线中间的内插点至垂直捕捉点

(4) 在正视图中，绘制如图 4-104 所示的曲线。

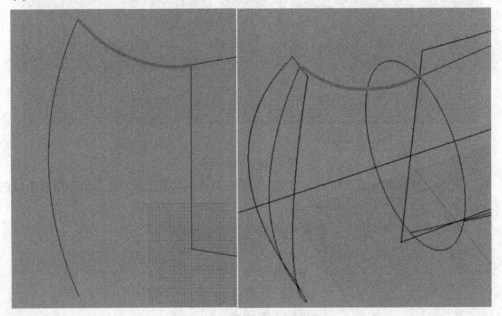

图 4-104　在正视图中绘制曲线

(5) 复制①线条两条，打开"端点"捕捉功能，用"移动"命令 ，移动如图 4-105 所示的线条到两边端点(黑点)位置，发现两条黄色曲线没有与圆线相交。

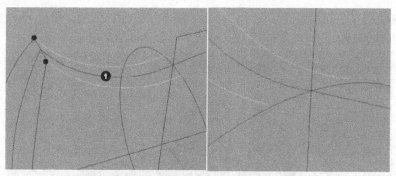

图 4-105　移动线条到两边端点(黑点)位置

(6) 按 F10 键，将 A、B 两条直线控制点打开，选择两条直线右边端点(靠近圆)，并打开"垂点"捕捉功能，直接将右边两个端点向下拉动，在圆弧上出现"垂点"捕捉提示时贴合即可，如图 4-106 所示。

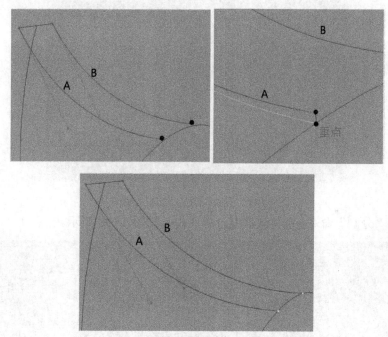

图 4-106　将 A、B 两条直线右边端点控制点拖到圆弧上

(7) 抽离曲面的结构线，捕捉点为四分点，如图 4-107 所示。

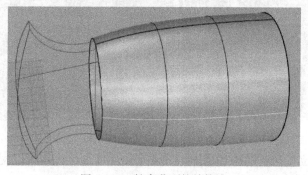

图 4-107　抽离曲面的结构线

(8) 接着使用"三点画弧线"命令，绘制风嘴水平方面的弧线，单击 按钮，将①、②线条进行曲线衔接，几何连续性选为"相切"，如图 4-108 所示。

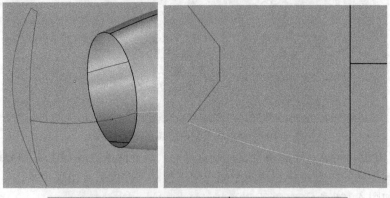

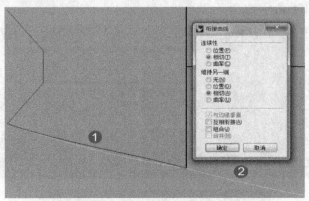

图 4-108 绘制风嘴水平方面的弧线

(9) 应用"分割"命令 将圆曲线分成 4 段，如图 4-109 所示。

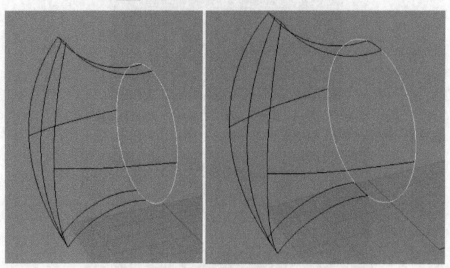

图 4-109 分割圆曲线成 4 段

(10) 接下来建立吹风嘴的整体曲面，分 4 个侧面曲面，先用"以网线建立曲面"命令 ，建立风嘴侧面第一块曲面，如图 4-110 所示。

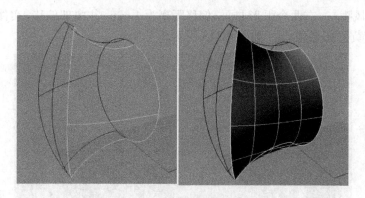

图 4-110 制作风嘴侧面第一块曲面

(11) 用"以网线建立曲面"命令制作风嘴其他部分曲面，如图 4-111 所示。

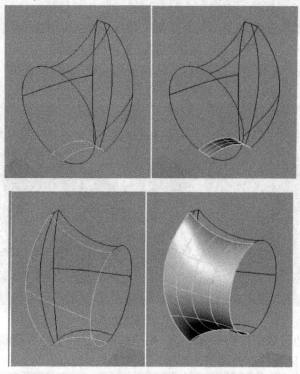

图 4-111 用"网格"命令制作风嘴其他部分曲面

(12) 将风嘴 4 个面全部组合起来，如图 4-112 所示。

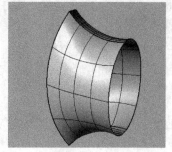

图 4-112 将风嘴 4 个面组合起来

(13) 偏移风嘴左、右两个弧形曲面，偏移距离为 1 mm，往内部偏移，实体选项为"否"，得到两个曲面(黄色高亮显示)，如图 4-113 所示。

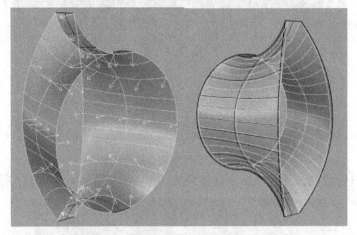

图 4-113　偏移风嘴左、右两个弧形曲面

(14) 绘制如图 4-114 所示过渡曲线，①④位置为直线，②③位置用"混接曲线"命令连接就可以了。

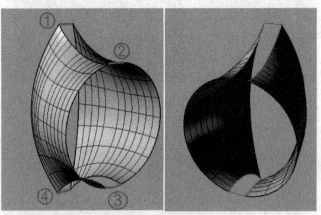

图 4-114　绘制过渡线

(15) 使用"四边组成面"命令，将 A、B 面建立起来，并倒圆角(倒圆角方法参考本节步骤(17)，并将风嘴外部曲面组合起来，如图 4-115 所示。

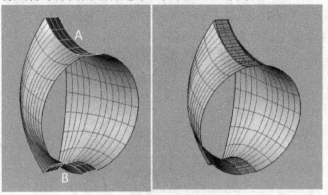

图 4-115　建立 A、B 过渡面

(16) 选择"实体倒圆角"命令 ▣ ，对风嘴外部曲面边缘进行倒圆角，选择边线，注意圆滑那边输入"0"，尖锐边半径为 2，以此类推，倒其他边的圆角，如图 4-116 所示。

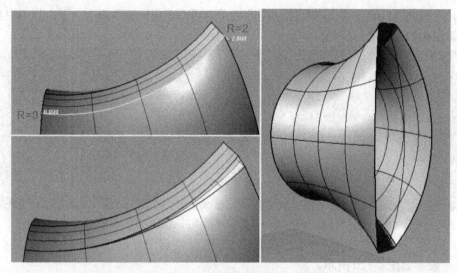

图 4-116　对风嘴外部边缘进行倒圆角

(17) 选择"实体倒圆角"命令 ▣ ，对风嘴内部曲面边缘进行倒圆角，选择边线，注意圆滑那边输入"0"，尖锐边半径为 1，以此类推，倒其他边的圆角，如图 4-117 所示。

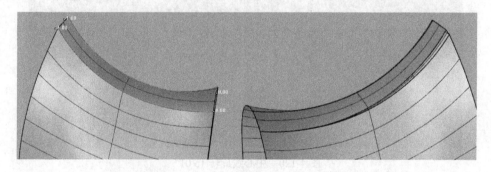

图 4-117　对风嘴内部曲面边缘进行倒圆角

(18) 用"放样"命令补上两面之间的过渡面，组合风嘴曲面，如图 4-118 所示。

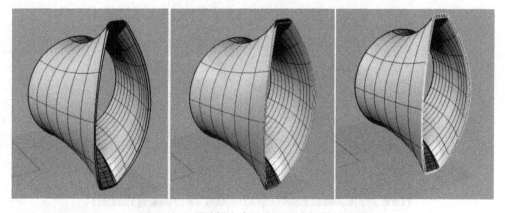

图 4-118　用放样命令补上两面之间的过渡面

4.4.4 进风口细节绘制

(1) 绘制进风口装饰，在右视图绘制曲线，应用"环形阵列"命令 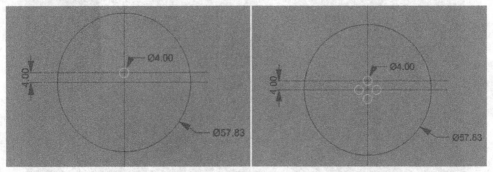，阵列白色小圆 4 个，如图 4-119 所示。

图 4-119　在右视图绘制曲线

(2) 应用"旋转"命令 令中心线旋转 15.01°，旋转中心点在小圆的圆心，见小黑点，镜像另一条，如图 4-120 所示。

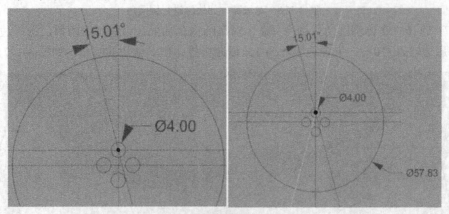

图 4-120　中心线旋转 15.01°

(3) 绘制"v"字线条，注意"v"字的顶点落在小圆的圆心上，见小黑点，如图 4-121 所示。

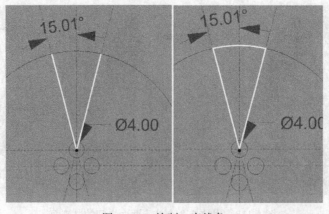

图 4-121　绘制 v 字线条

(4) 应用"切割"命令 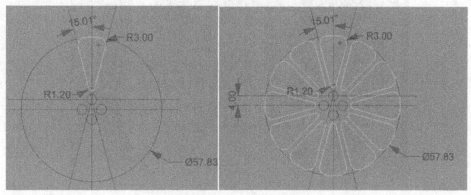 切割外圆，得到如图 4-119 所示的图形，并倒圆角，半径为 3 mm，然后"应用圆形阵列"命令 ，中心点为大圆圆心，阵列数量是 12 个，如图 4-122 所示。

图 4-122　圆形阵列图形

(5) 制作电吹风进风口部分，选中如图 4-123 所示的曲线，应用"偏移"命令 往内部偏移 1 mm，见绿色线。

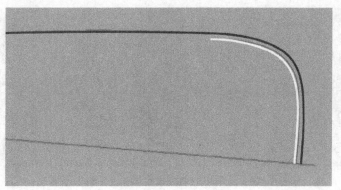

图 4-123　偏移曲线

(6) 选择绿色线，使用"旋转成型"命令 ，选择 360℃，建立曲面，如图 4-124 所示。

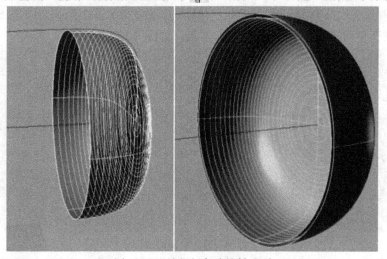

图 4-124　选择绿色线旋转成型

（7）用"放样"命令 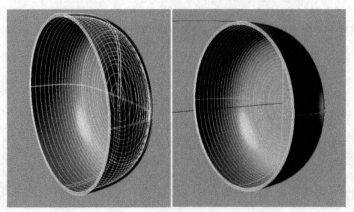将两弧面之间的连接面补起来，组合起来形成实体，如图 4-125 所示。

图 4-125　用"放样"命令将两弧面之间的连接面补起来

（8）选中白色曲线群，应用"位伸"命令拉伸曲线成实体(D 部分，加盖)，长度穿透电吹风，如图 4-126 所示。

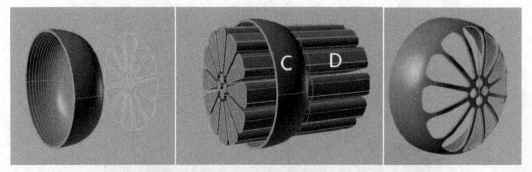

图 4-126　选中拉伸曲线成实体并进行布尔差集

（9）应用"布尔运算差集"命令，C 电吹风主体被 D 曲面切割，先选电吹风进风口实体(C 实体)，后选拉伸的曲面(D 平面)，注意参与差集运算的曲面法线都要朝外。

（10）接着做进风口里面的装饰部分。绘制一个直径为 6 mm 的圆，应用"环形阵列"命令 阵列蓝色圆形曲线，阵列数量为 12 个，如图 4-127 所示。

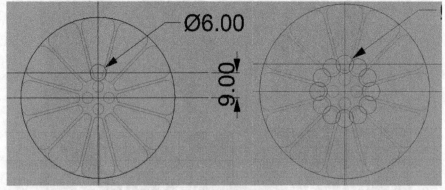

图 4-127　绘制曲线

（11）框选 12 个阵列后的圆形，然后应用"修剪"命令，在不需要保留的线条上点击鼠标左键即可，得到如图 4-128 所示的图形。

图 4-128　对阵列图像进行修剪

(12) 接着绘制如图 4-129 所示的圆形，环形阵列 12 个。

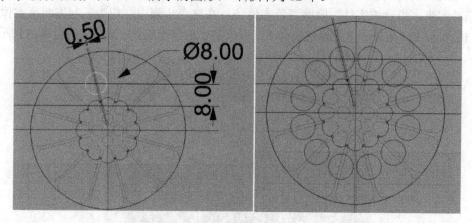

图 4-129　绘制圆形并阵列 12 个

(13) 再绘制如图 4-130 所示的小圆，环形阵列 12 个。

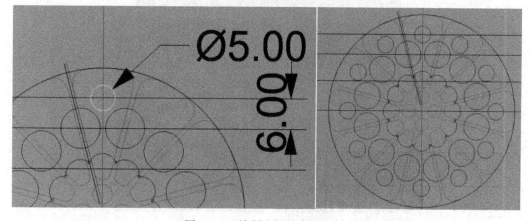

图 4-130　绘制小圆并阵列 12 个

（14）绘制如图 4-131 所示的两个椭圆曲线，各环形阵列 12 个。

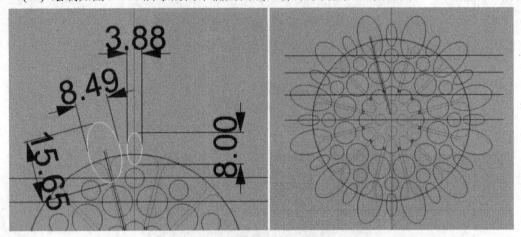

图 4-131　绘制两个椭圆，各环形阵列 12 个

　　（15）将原来进风口曲线往内部曲线偏移两次，偏移距离都是 1 mm，产生两条白色曲线，再应用"旋转成型"命令生成两个白色曲面，再用"放样"命令将两个白色曲面之间的面修补起来，组合成实体，隐藏深色实体 F。在这个步骤中，相当于制作两个实体，一个是白色实体 E，另外一个是深色实体 F，每个实体的厚度都是 1 mm，如图 4-132 所示。

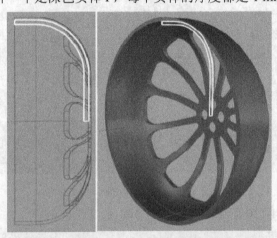

图 4-132　进行曲线偏移旋转成型产生 E、F 两个实体

(16) 应用"拉伸"命令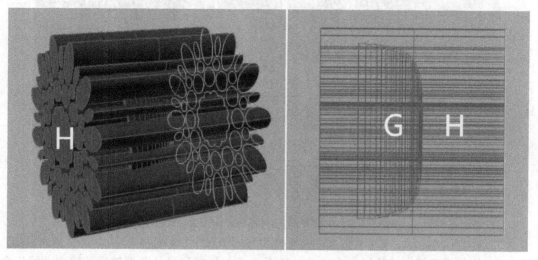拉伸曲线成实体，长度超过蓝色曲面，如图 4-133 所示。

图 4-133 拉伸曲线成实体并进行布尔运算差集

(17) 应用"布尔运算差集"命令 ，G 曲面被 H 造型切割，将步骤(15)制作的实体 F 显示出来。到此，电吹风进风口已经制作完成，如图 4-134 所示。

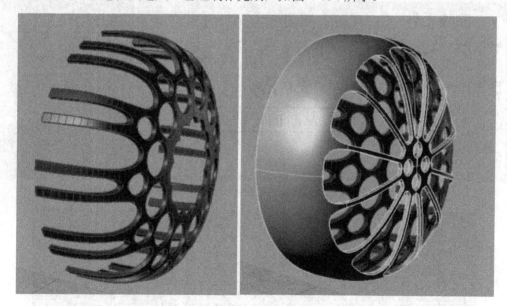

图 4-134 切割出电吹风进风口造型

4.4.5 绘制把手造型

(1) 绘制把手曲线，把手的线条上端要长些，深入到电吹风主体内部。把手曲面可分为左边和右边曲面，两曲面分开建立。①和②曲线、③和④曲线必须是光滑衔接，建议绘制完这 4 条曲线，用"衔接曲线"命令 将①和②曲线、③和④曲线进行 G1 衔接，如图 4-135 所示。

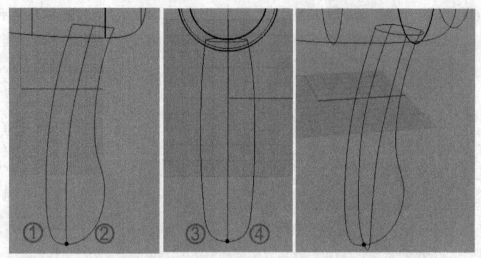

图 4-135　绘制光滑的把手曲线并进行光滑衔接

(2) 绘制把手横向结构线，在"曲线工具"工具栏找到"从断面轮廓线建立曲线"命令 ，依次选取 4 条轮廓线，回到右视图，打开"正交"捕捉功能。从左到右画直线，得到以下结构性(红线)，如图 4-136、图 4-137 所示。

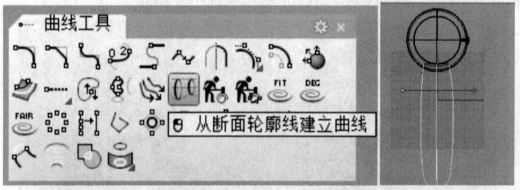

图 4-136　使用"从断面轮廓线建立曲线"命令绘制把手横向结构线(一)

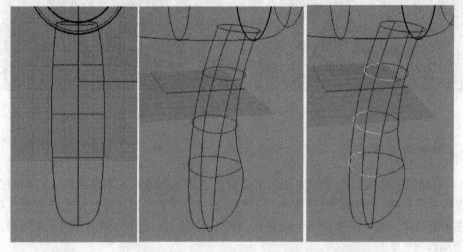

图 4-137　使用"从断面轮廓线建立曲线"命令绘制把手横向结构线(二)

(3) 将红线结构性打断，用"以网线建立曲面"命令 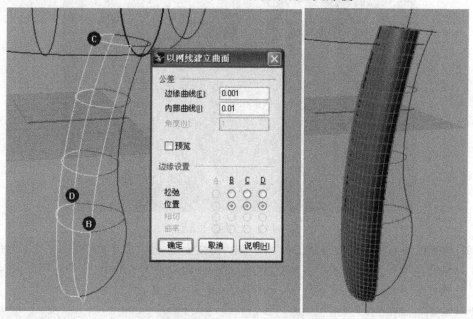 制作把手左边曲面，如图 4-138 所示。在这里也可以将全部曲线一起用"以网线建立曲面"命令 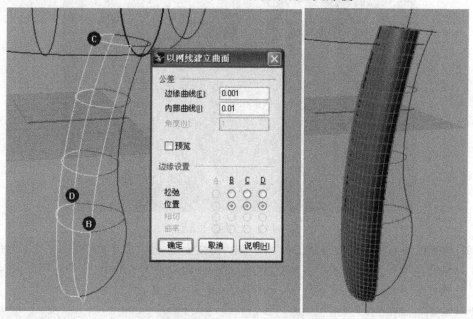 制作出来。分左边、右 边两个曲面制作把手整体曲面，是为了考虑后期制作旋钮更方便。

图 4-138   制作把手左边曲面

(4) 接着使用"以网线建立曲面"命令 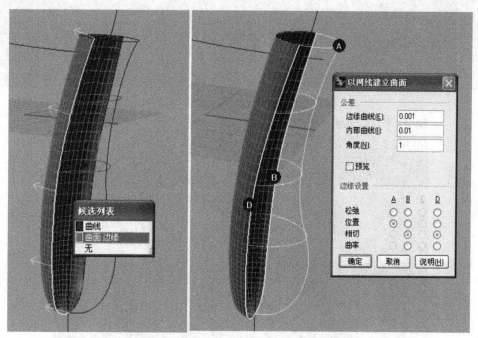 制作把手右边曲面，交界边线选"曲面边缘"， 边缘位置选"相切"，将两个曲面进行组合，如图 4-139 所示。把手整体造型如图 4-140 所示。

图 4-139   用"以网线建立曲面"命令制作把手右边曲面

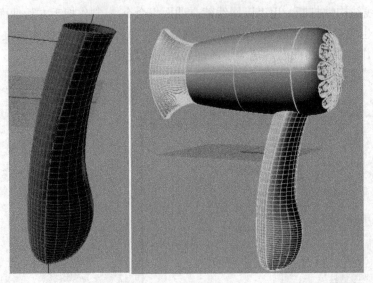

图 4-140　把手整体造型

　　(5) 绘制把手与主体圆滑过渡部分。应用布尔运算"并集"命令 将把手与主体合并，用"实体倒圆角"命令 对两个实体交线倒圆角，圆角半径为 6 mm，如图 4-141、图 4-142所示。

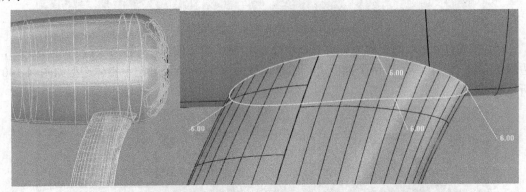

图 4-141　绘制把手与主体过渡部分，并进行倒圆角

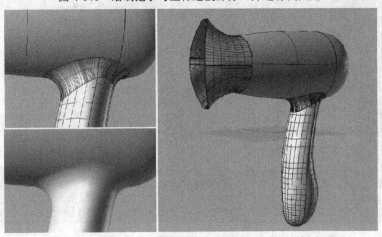

图 4-142　把手过渡部分造型

4.4.6　制作旋钮部分

(1) 绘制曲线，如图 4-143 所示。

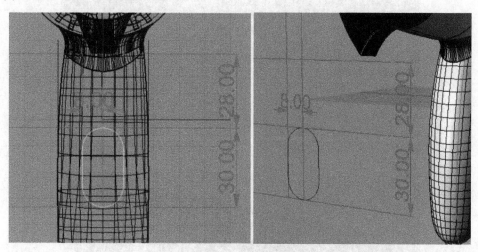

图 4-143　绘制如图曲线

(2) 选择把手左边的曲面高亮显示，往内偏移 2 mm，见白色曲面，如图 4-144 所示，这就是我们为什么在 4.4.5 中的步骤(3)要分开制作把手左边、右边曲面的原因。

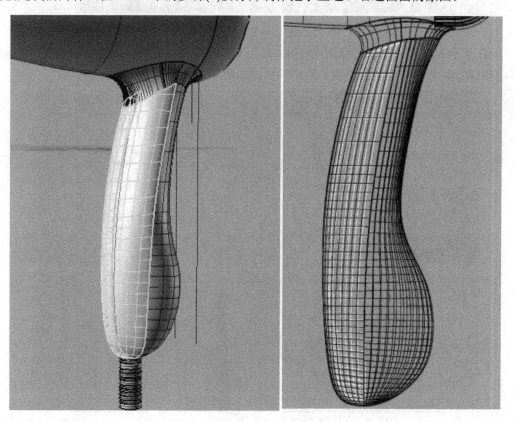

图 4-144　偏移把手左边曲面

(3) 应用"拉伸"命令 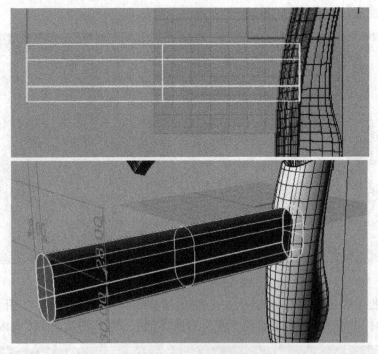 将步骤(1)绘制的曲线拉伸成实体，并插入把手内部，如图 4-145 所示。

图 4-145　拉伸曲线成实体

(4) 组合把手左边和右边曲面成整体，应用"布尔运算差集"命令 ，切割把手曲面，露出步骤(2)偏移的白色曲面，即是旋钮凹槽，如图 4-146 所示。

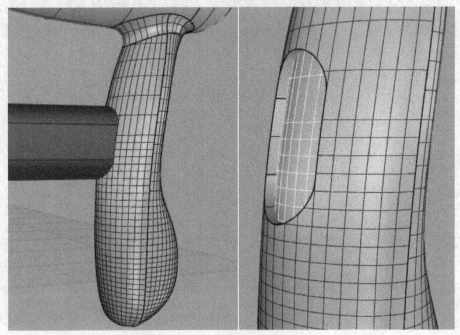

图 4-146　布尔运算切割出旋钮凹槽

（5）绘制旋钮曲线，并用"嵌面"命令 ◈ 制作旋钮曲面，如图 4-147 所示。

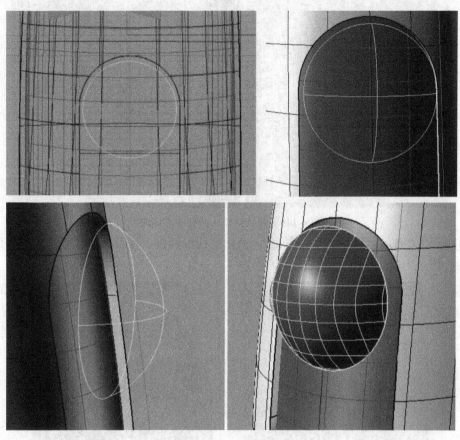

图 4-147　制作旋钮曲面

（6）选择旋钮边线，拉伸边线成曲面并倒圆角，半径为 8 mm，如图 4-148 所示。

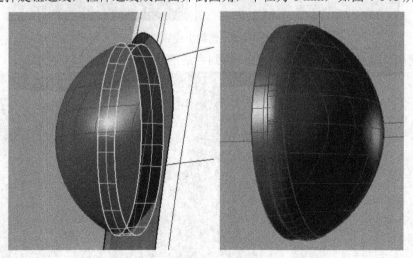

图 4-148　拉伸边线成曲面并倒圆角

（7）绘制 L 形曲线，并倒圆角，半径设为 4 mm，并拉伸成曲面，该曲面长度超过旋钮，如图 4-149 所示。

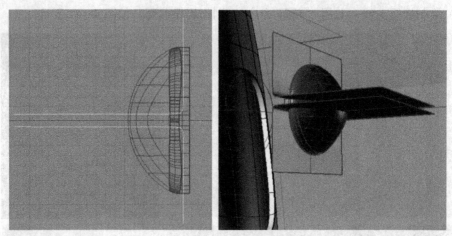

图 4-149　绘制曲线，并拉伸成曲面

（8）使用"布尔运算差集"命令 ，曲面的法线朝内，保留旋钮部分，旋钮主体被曲面切割，切割出旋钮造型，如图 4-150 所示。

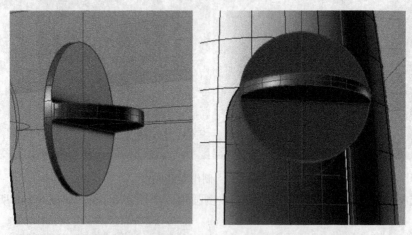

图 4-150　切割出旋钮造型

（9）使用"旋转"命令 将旋钮旋转到合适的角度，如图 4-151 所示。

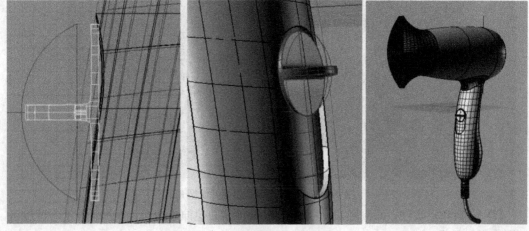

图 4-151　将旋钮旋转到合适的角度

4.4.7　制作装饰部分

(1) 在正视图中轴线上绘制曲线,注意外轮廓线条参考椭圆的走向,如图4-152、图4-153 所示。

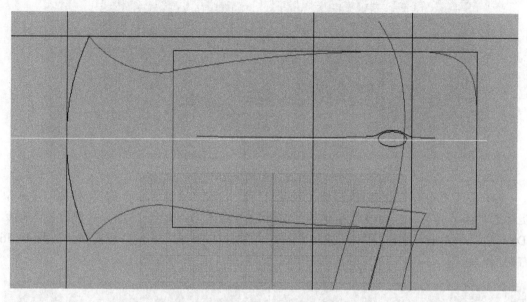

图 4-152　在正视图中轴线上绘制曲线

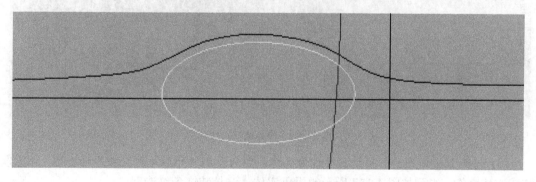

图 4-153　外轮廓线条参考椭圆的走向

(2) 应用"镜像"命令 ✥ 将曲线镜像到另一边,连接两端曲线,并倒圆角,半径设为 0.5 mm,组合曲线成一条线,装饰线效果如图4-154、图4-155 所示。

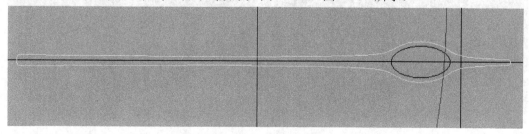

图 4-154　镜像曲线

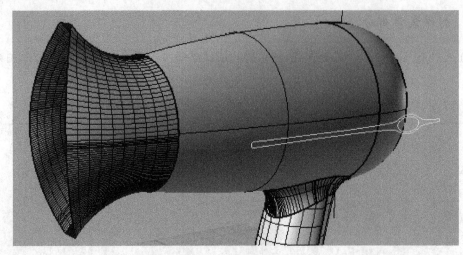

图 4-155　装饰线效果

　　(3) 应用"组合"命令 🧩 组合①和②曲面，应用"偏移"命令 🍥 往外偏移 1 mm，实体选项为"是"，在命令栏中确认"删除输入物体(D) = 否"，如果"删除输入物体(D) = 是"，点击该文字，可修改为"删除输入物体(D) = 否"，偏移成实体，如图 4-156右图所示。

 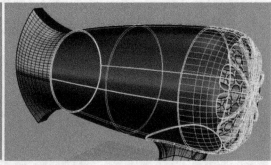

图 4-156　往外偏移实体

　　(4) 拉伸 🔲 步骤(2)所制作的曲线为实体，然后使用"布尔运算交集"命令 🍥，取①和②实体交集，得到如图 4-157 所示的黑色实体，这是装饰条纹造型。

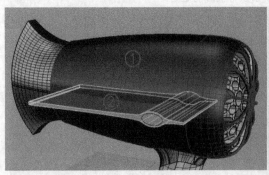 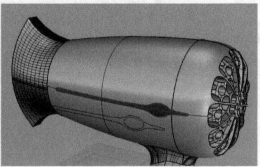

图 4-157　使用布尔运算交集得到装饰条纹造型

(5) 拉伸小椭圆(步骤(1)绘制)成实体，并多复制一个椭圆实体。使用"布尔运算分割"命令 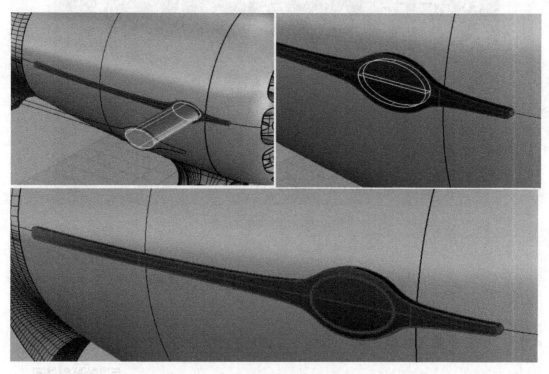，黑色实体被椭圆柱分割，并进行实体倒圆角，半径为 0.1 mm，如图 4-158 所示。

图 4-158　切割出椭圆实体部分

(6) 应用"镜像"命令 ，将装饰条纹造型镜像到电吹风主体另一侧，如图 4-159 所示。至此，电吹风造型制作完成，如图 4-160 所示。

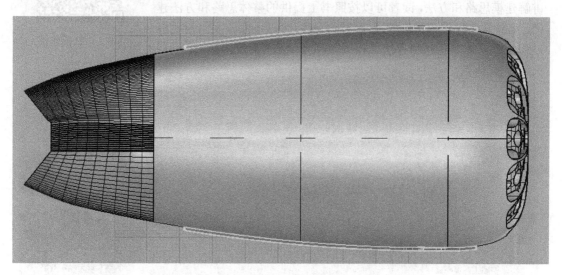

图 4-159　将装饰条纹造型镜像到电吹风主体另一侧

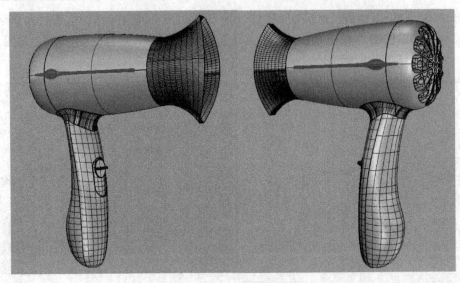

图 4-160　电吹风整体造型

4.5　其他产品数字化模型建模

4.5.1　创意香薰灭蚊器建模

以一款创意香薰灭蚊器为案例讲述产品方案的建模过程,该灭蚊器以柔性塑料为创意点,造型优美,给人一种清新的生活美感,效果图如图 4-161 所示,数字化模型如图 4-162 所示。在这里主要讲解建模思路和方法,读者可以按照书上提供的整体思路和方法建模,另外本书提供该案例的视频教程,读者可以还原该案例的建模过程,重点掌握思路和方法。视频教程见 4.6 "灭蚊器建模(一)～灭蚊器建模(四)"。

4.6　灭蚊器建模

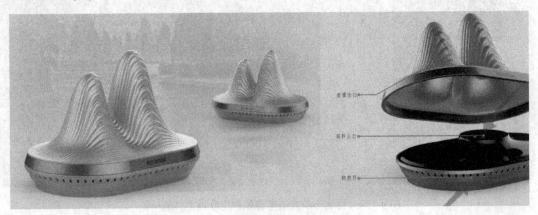

图 4-161　创意香薰灭蚊器效果图

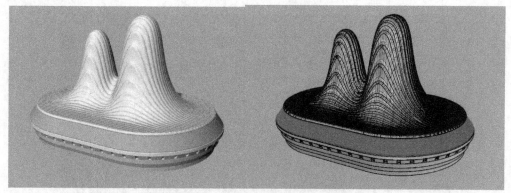

图 4-162　创意香薰灭蚊器数字模型图

建模的主要思路：该灭蚊器整体造型类似两个山丘，由 3 部分组成，分别是两个凸起山丘上盖、底部的底座和倒角装饰等部分，建模的主要思路如图 4-163 所示。

上盖　　　　　　　　　　　　　底座　　　　　　　　　　　倒角装饰

图 4-163　建模的主要思路

1. 上盖部分建模

(1) 绘制曲线，曲线俯视图、正视图、侧视图及大体尺寸图如图 4-164 所示。

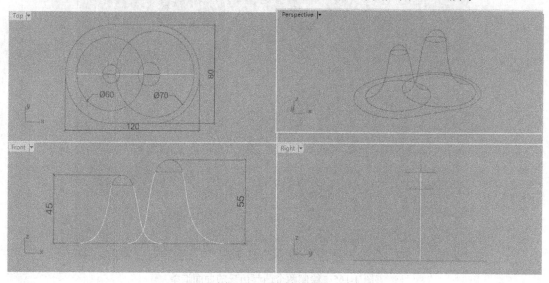

图 4-164　绘制尺寸图

(2) 应用"双轨扫掠"命令 ，绘制两个凸起山丘的曲面造型，如图 4-165 所示。

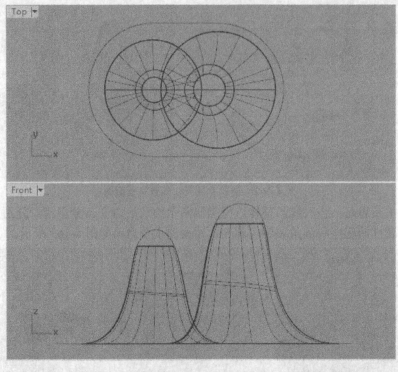

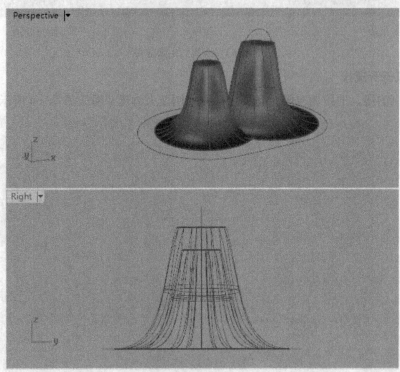

图 4-165　绘制两个凸起山丘的曲面造型

(3) 使用"抽离结构线"命令 ，抽离结构线定在"四分点"上，结构走向为垂直方向，共抽离 4 条结构线，见图 4-166 中的黑色线。然后在顶部曲线的中点位置画出侧面直线，再用"混接曲线"来混接①和②线，得到如图 4-167 所示的造型。

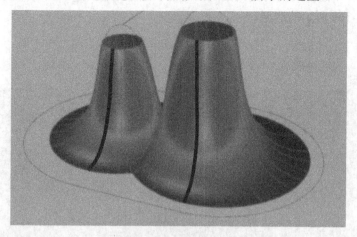

图 4-166　抽离结构线

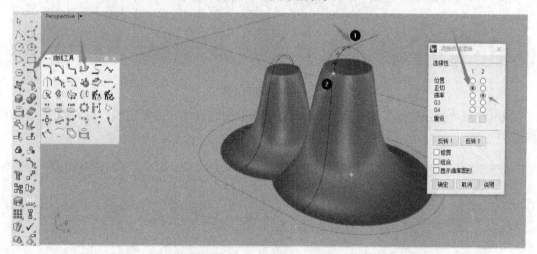

图 4-167　混接①和②线

（4）使用"镜像"命令 ![] 镜像刚才混接的曲线，再将两段混接曲线群组，得到如图 4-168 所示的造型。

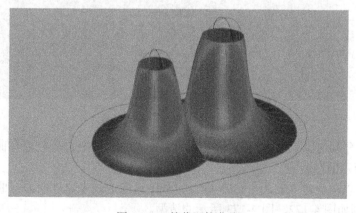

图 4-168　镜像混接曲线

（5）在俯视图中选择中间的交叉曲线，使用"旋转"命令 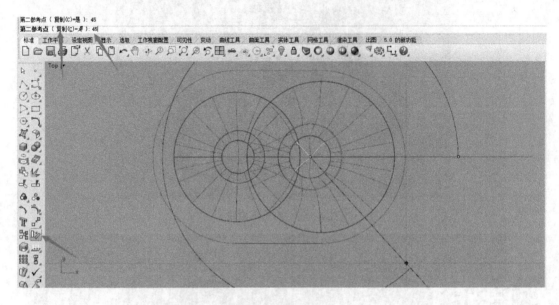 将曲线旋转 45°，点击复制，得到如图 4-169 所示的造型。

图 4-169　旋转曲线

（6）使用"显示边缘"命令 🔲，显示右边曲面的边缘线，见黑色线，得到如图 4-170 所示的造型。

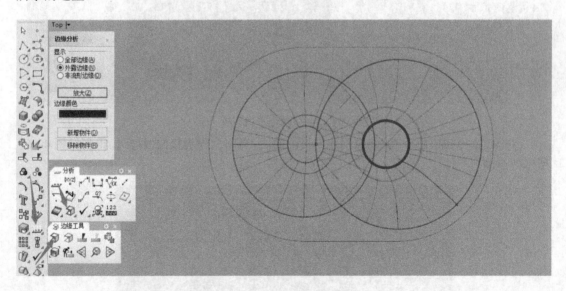

图 4-170　显示右边曲面的边缘

（7）使用"分割边缘"命令 📐，将小圆圈的边缘进行分割，分割点在曲线的端点，得到如图 4-171 所示的造型。

（8）使用"以网线建立曲面"命令 🎾，按顺序选取曲线来建立曲面，曲面四边必须选取边缘线，得到如图 4-172、图 4-173 所示的造型。

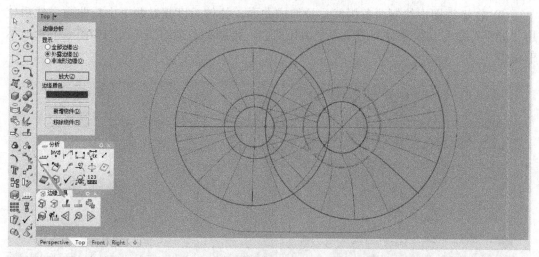

图 4-171 使用"分割边缘"命令分割小圆圈的边缘

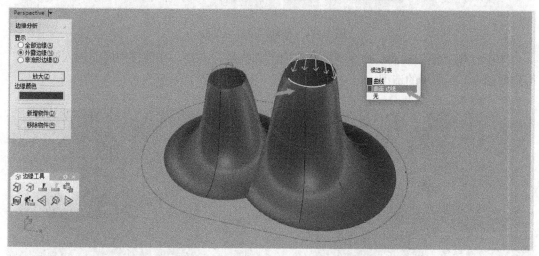

图 4-172 使用"以网线建立曲面"命令建立曲面(一)

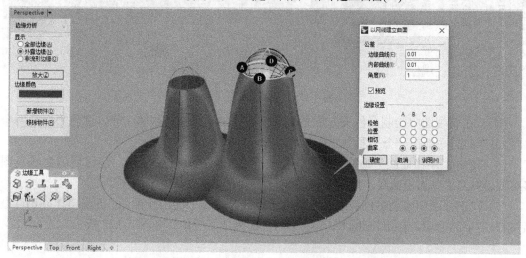

图 4-173 使用"以网线建立曲面"命令建立曲面(二)

(9) 在正视图中绘制两条黑线，拉伸成曲面，拉伸长度超过两个山丘曲面，然后使用"分割"命令 ⬛ 来分割图中两个山丘曲面，再删掉多余的面，得到如图 4-174 所示的造型。

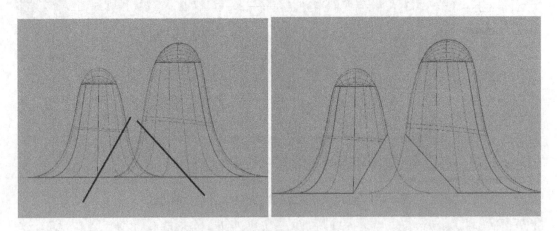

图 4-174　分割两个红色曲面

(10) 使用"混接曲面"命令 ⬛ 将曲面①和②进行混接，在混接中间面加入断面线，得到如图 4-175 所示的造型。

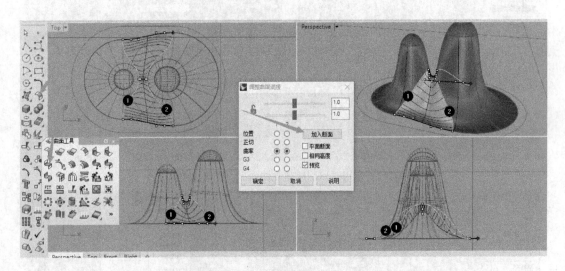

图 4-175　混接曲面①和②

(11) 在俯视图中绘制黑色长方形平面，长为 120 mm，宽为 80 mm，黑色平面与两个红色山丘曲面底部在一个平面中。

① 使用"偏移曲线"命令 ⬛ 把图中红色曲线往内偏移 5 mm，偏移后的曲线见图 4-176(a)中的黑色加粗曲线，然后用该曲线分割图中的黑色长方形平面。

② 在正视图中绘制白色直线，然后用该直线分割图中的山丘曲面，见图 4-176(b)，最后删掉多余的曲面，在山丘曲面和黑色平面之间形成了空缺，如图 4-177 所示。

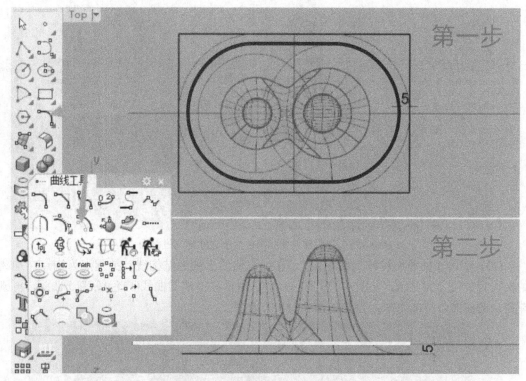

图 4-176　分割黑色平面和山丘曲面

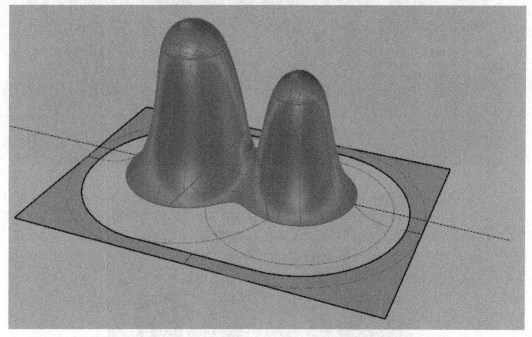

图 4-177　在红色山丘曲面和黑色平面之间形成了空缺

(12) 在山丘曲面和黑色平面之间建立过渡面，使用"混接曲面"命令 🔄 将①和②曲面进行混接，在混接曲面的四分点和垂直点位置加入断面线，两边都加断面线得到如图 4-178 所示的造型。

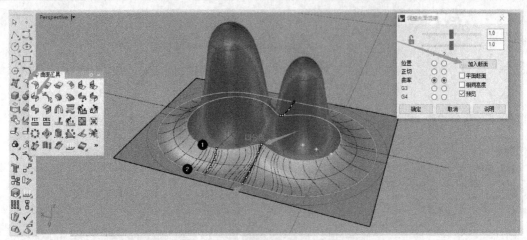

图 4-178　在山丘曲面和黑色平面之间建立过渡面

(13) 使用"抽离结构线"命令 ，在绿色曲面上抽离结构线，捕捉点为端点，抽离结构线为黄色高亮显示，如图 4-179 所示。然后用抽离出来的曲线(白色)分割 J 曲面，再删掉多余的曲面，形成空缺，得到如图 4-180 的造型。

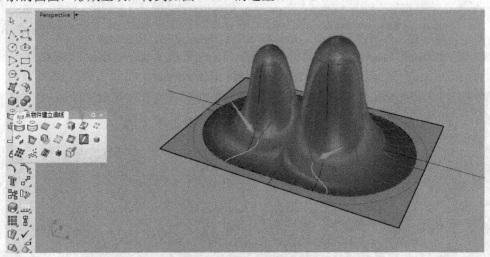

图 4-179　抽离绿色曲面结构线

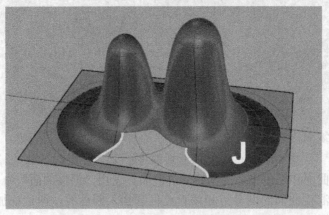

图 4-180　用抽离出来的曲线(白色)分割 J 曲面

(14) 组合所有曲面，使用"以网线建立曲面"命令 ，按照顺序选取曲线来建立曲面，曲面四边必须选取边缘线，如图 4-181 所示。

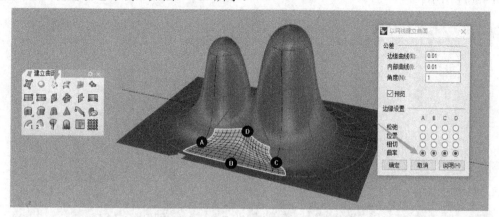

图 4-181　修补空缺曲面

(15) 然后在俯视图中间位置，绘制图 4-182 中的一组直线(白色)，每个间隙是 2 mm，数量为 24 条。

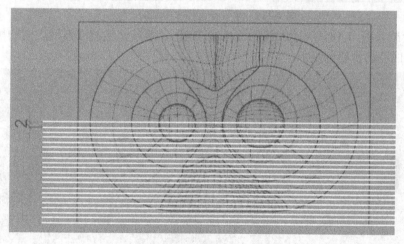

图 4-182　绘制一组直线

(16) 选中图中的白色直线，用"投影曲线"命令 ，将其投影到两个红色山丘曲面上，要在俯视图进行投影，山丘曲面上的黑色线条就是投影曲线，如图 4-183 所示。

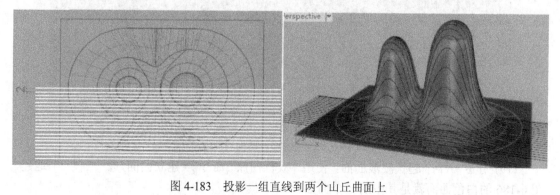

图 4-183　投影一组直线到两个山丘曲面上

(17) 把刚才绘制的一组直线删掉，将山丘曲面隐藏起来，单独显示投影得到的曲线，如图 4-184 所示。

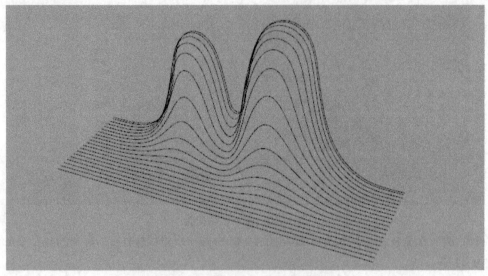

图 4-184　单独显示投影得到的曲线

(18) 绘制如图 4-185 所示的黑色结构线(加粗)，两条起伏波浪弧线之间的黑色结构线要有一定的凹凸的折线感觉。

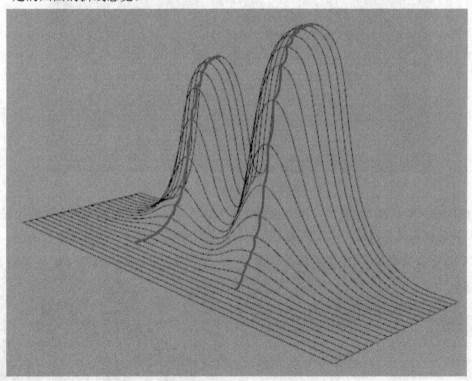

图 4-185　绘制红色结构线曲线

(19) 建立一个个起伏波浪曲面，使用"双轨扫掠"命令![图标]建立曲面，要一个一个地建，图 4-186 的白色曲面就是其中的一个曲面。

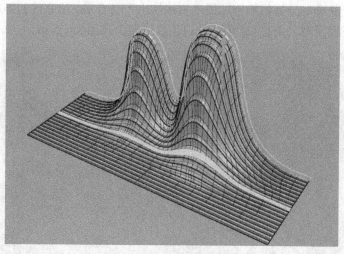

图 4-186　建立一个个起伏波浪曲面

(20) 用"镜像"命令 镜像做好的起伏波浪曲面，然后组合起来并倒圆角，圆角半径为 2 mm，如图 4-187、图 4-188 所示。

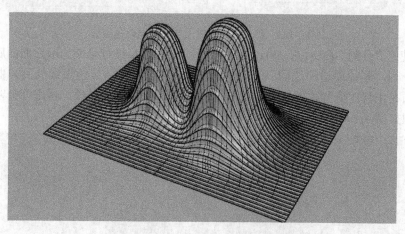

图 4-187　镜像做好的起伏波浪曲面(一)

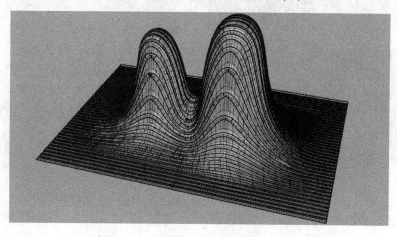

图 4-188　镜像做好的起伏波浪曲面(二)

(21) 选取在步骤(1)画好的椭圆，用"直线挤出"命令 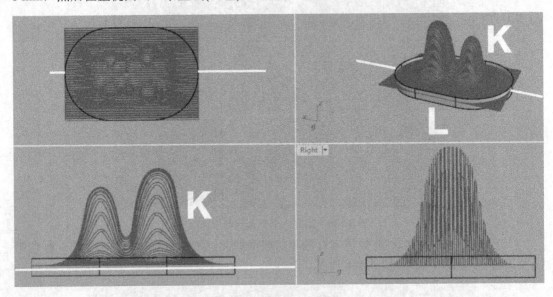 将直线拉伸成曲面，高度为 8 mm，然后在正视图画一条直线(白色)，白色直线离山丘曲面 1.5 mm，如图 4-189 所示。

图 4-189　将椭圆拉伸成曲面并绘制白色直线

(22) 使用"分割"命令，将山丘曲面和椭圆曲面 L 进行分割，山丘曲面底部被黑色椭圆曲面分割，删掉周边的边面；黑色椭圆曲面被步骤(21)的白色直线分割，曲面被直线分割，必须在正视图分割才能成功；也可以将黑色直线拉伸成平面，再进行分割，分割后得到的造型如图 4-190 所示。

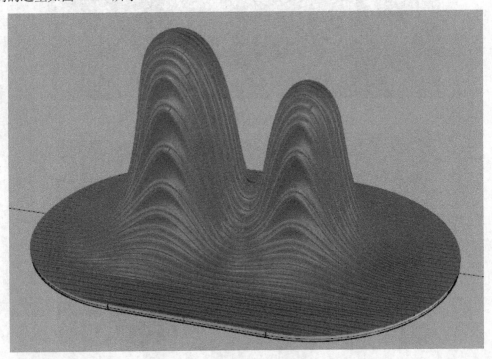

图 4-190　将红色曲面和黑色曲面进行分割

(23) 把两个曲面进行组合，使用"将平面洞加盖"命令 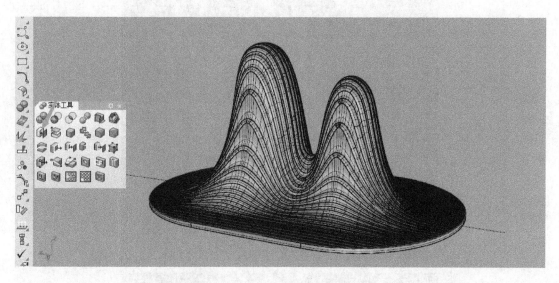，进行加盖，如图 4-191 所示。

图 4-191　把两个曲面进行组合并加盖

2. 底座部分建模

(1) 用"复制边缘"命令 复制上盖下缘曲线，然后选中复制的曲线向下偏移 20 mm，如图 4-192 所示。

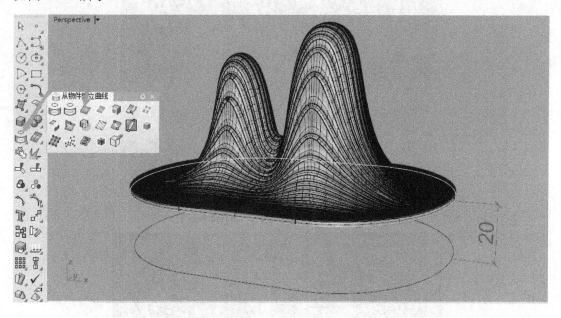

图 4-192　复制边缘线并向下偏移

(2) 隐藏上面的曲面，然后绘制如图的曲线，曲线俯视图、正视图、侧视图及大体尺寸图如图 4-193 所示。

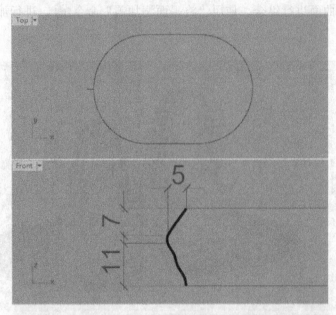

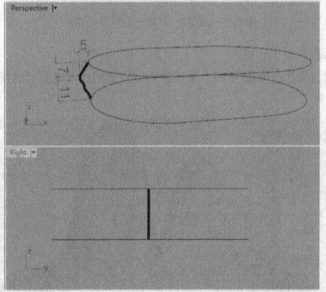

图 4-193　绘制曲线

(3) 使用"双轨扫掠"命令　建立曲面，如图 4-194 所示。

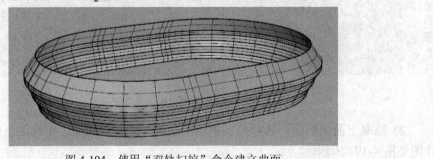

图 4-194　使用"双轨扫掠"命令建立曲面

(4) 应用 "炸开" 命令 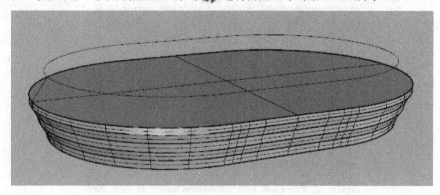 将步骤(3)建好的曲面炸开，隐藏上面的曲面，将底座下部曲面进行组合，然后用 "平面洞加盖" 命令 进行加盖，如图 4-195 所示。

图 4-195 底座下部

(5) 使用 "封闭的多重曲面薄壳" 命令 进行抽壳，抽壳厚度为 1 mm，选择上盖并删除，如图 4-196、图 4-197 所示。

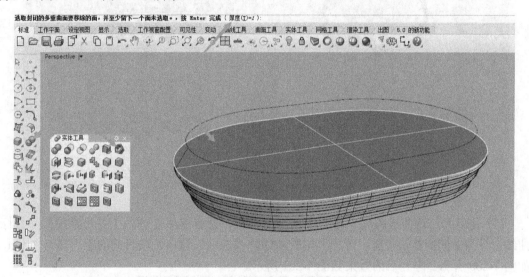

图 4-196 对底座下部进行抽壳(一)

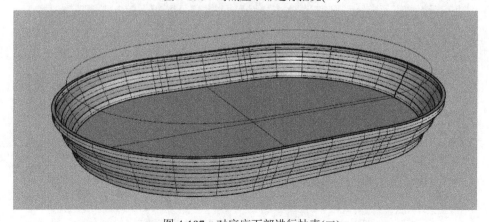

图 4-197 对底座下部进行抽壳(二)

(6) 在正视图中绘制如图 4-198 的曲线(白色)，使用"直线挤出"命令挤出实体，拉伸的实体与水平位置有一定的夹角，可以自行调整效果，如图 4-199 所示。

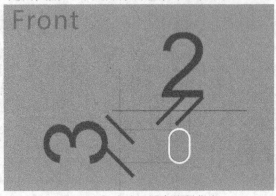

图 4-198   在正视图中绘制曲线

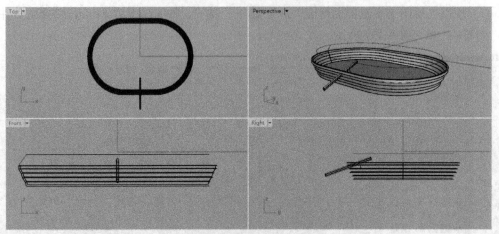

图 4-199   将曲线拉伸成实体

(7) 使用"沿着曲线阵列"命令 进行阵列，选择底座实体的上盖边缘线作为目标曲线，见图中间的箭头位置，弹出"沿着曲线阵列选项"窗口，项目间的距离设为 7 mm，如图 4-200 所示，阵列后的效果如图 4-201 所示。

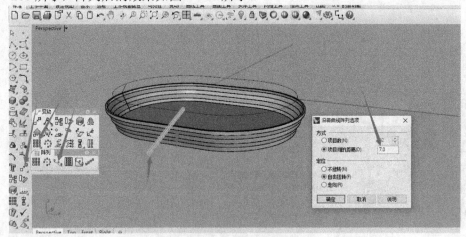

图 4-200   使用"沿着曲线阵列"命令进行阵列

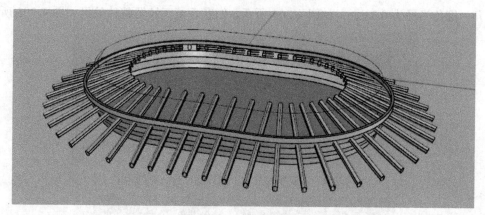

图 4-201 阵列后的效果

(8) 使用 "布尔运算差集" 命令 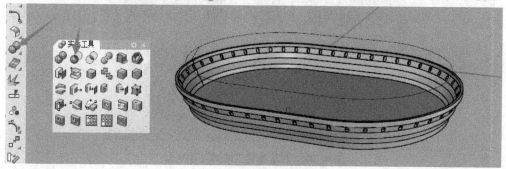，切割散热孔位，得到如图 4-202 所示的造型。

图 4-202 切割散热孔位

3. 圆角装饰部分建模

(1) 对山丘曲面上盖的边缘进行倒圆角，分为上边缘与下边缘两个部分，上边缘倒圆角半径为 1 mm，下边缘倒圆角半径为 0.3 mm，如图 4-203 所示。

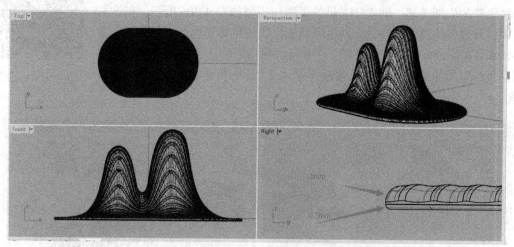

图 4-203 对山丘曲面上盖的边缘进行倒圆角

(2) 接下来对底座部分的上部和底部进行倒圆角，选择下部和底座的上、下边缘进行倒圆角，倒角半径为 0.3 mm，如图 4-204 所示，创意香薰灭蚊器整体效果如图 4-205 所示。

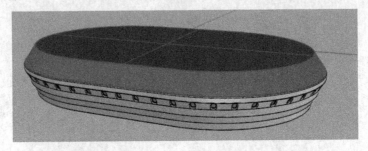

图 4-204　对底座部分的上部和底部进行倒圆角

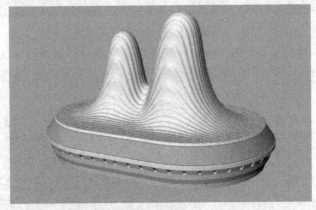

图 4-205　创意香薰灭蚊器整体效果

4.5.2　创意订书机

　　本节以一款创意订书机为案例讲述产品方案的建模过程。该订书机是全国大学生工业设计大赛获奖作品，以柔性塑料为创意点，造型优美，给一种清新的生活美感，创意订书机效果图与模型如图 4-206 所示。在这里主要讲解建模思路和方法，可以按照书上提供的整体思路和方法建模，另外，本书提供该案例的视频教程，读者可以根据教程还原该案例的建模过程，重点掌握思路和方法。视频教程见 4.7 "订书机建模(一)、订书机建模(二)"。

4.7　订书机建模

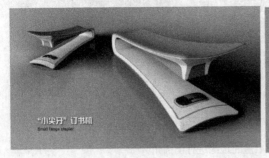
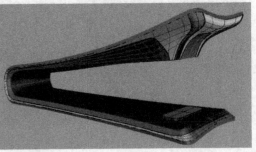

图 4-206　创意订书机效果图与模型

1. 建模思路

该订书机整体造型类似"U"形，由 3 个部分组成，另外还有一些细节部分，所以建模过程也相应分成了 4 部分，分别是 U 形外盖、U 形内盖、带状曲面、装饰细节等部分，建模思路如图 4-207 所示。

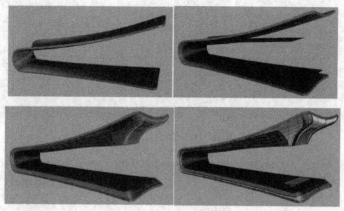

图 4-207　订书机建模思路

2. U 形外盖部分建模

(1) 首先绘制如图 4-208 的曲线，曲线俯视图、正视图、侧视图及大体尺寸图如图 4-208。

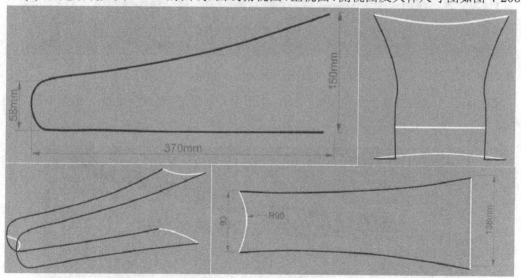

图 4-208　绘制如图的曲线

(2) 使用"双轨扫掠"命令 ，制作 U 形外盖曲面造型，然后使用"曲面偏移"命令 将 U 形外盖曲面往内偏移，偏移距离为 4 mm，勾选实体，得到如图 4-209 所示的造型。

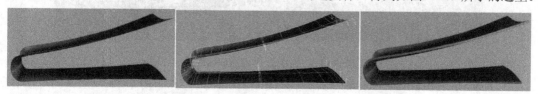

图 4-209　蓝色 U 形外盖曲面往内偏移

3. U 形内盖部分建模

(1) 绘制白色曲线，曲线俯视图、正视图、侧视图及大体尺寸图如图 4-210、图 4-211 所示。

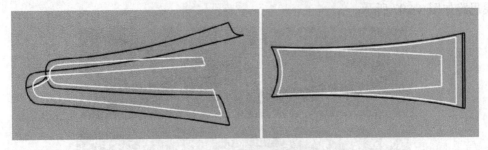

图 4-210　绘制如图曲线

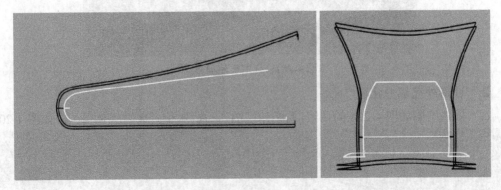

图 4-211　绘制如图曲线

(2) 应用"双轨扫掠"命令 ，制作 U 形内盖曲面造型(灰色曲面)，造型如图 4-212 所示。

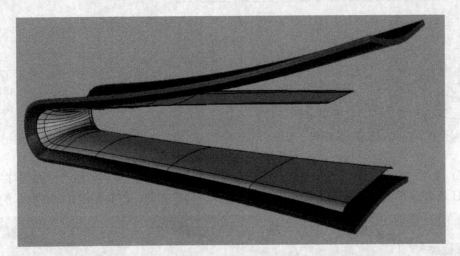

图 4-212　制作 U 形内盖曲面造型

(3) 将 U 形外盖实体下部端点部分进行倒圆角，圆角半径为 10 mm，见图 4-213(a)；在 U 形内盖曲面下部端点处绘制一个半径为 10 mm 的圆柱曲面(白色)，见图 4-213(b)。

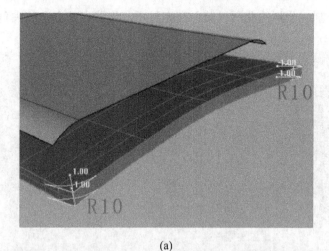

(a)

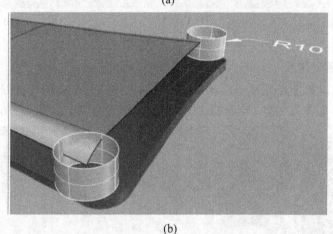

(b)

图 4-213　U 形外盖实体边缘倒圆角

（4）U 形内盖曲面①②③三条边线被两个白色圆柱曲面分割，然后将相交部分删除，得到断开的三条曲线，隐藏 U 形内盖曲面，如图 4-214 所示。

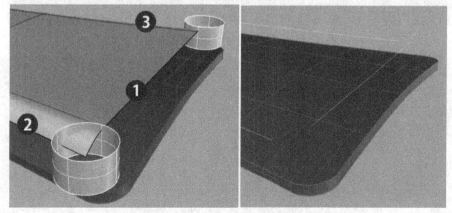

图 4-214　U 形内盖曲面①②③三条边线被两个红色圆柱曲面分割

（5）应用"曲线混接"命令连接①②③三条边线的断开处，生成曲线如图 4-215(a)所示；将事先绘制好的 U 形内盖曲面(灰色)显示出来，如图 4-215(b)所示；U 形内盖曲面被混接好的白色曲线加粗分割，分割的曲面以黄色高亮显示，将端点处多余的尖角曲面删除，如图 4-215(c)所示。

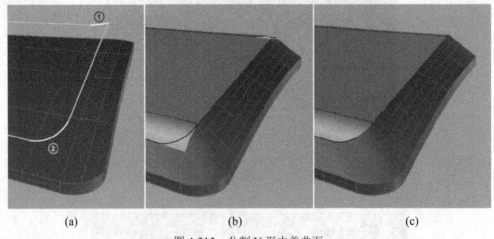

　　　　(a)　　　　　　　　　　　(b)　　　　　　　　　　　(c)

图 4-215　分割 U 形内盖曲面

4. 带状曲面部分建模

(1) 绘制曲线，黄色高亮显示，该曲线是空间曲线，每个视图的曲线走向都是不一样的，这条曲线的绘制尤为关键，会影响订书机的侧面造型美观，如图 4-216、图 4-217 所示。

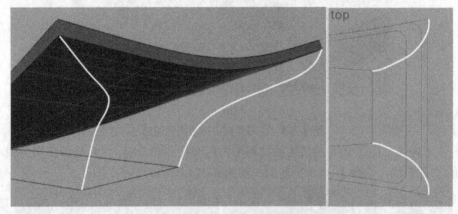

图 4-216　调整空间曲线各个视图走向(一)

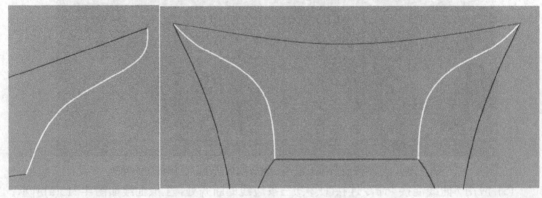

图 4-217　调整空间曲线各个视图走向(二)

(2) 在两条红色带状曲线之间绘制多条截面结构线(直线)，将带状曲面调整得更加光顺，如图 4-218 所示。

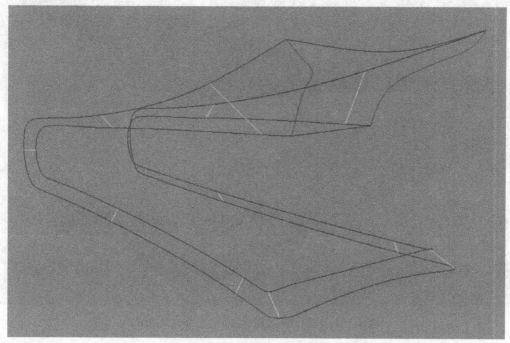

图 4-218　在两条红色带状曲线之间添加多条截面结构线

(3) 应用"双轨扫掠"命令，制作侧面带状盖曲面造型，如图 4-219 所示。

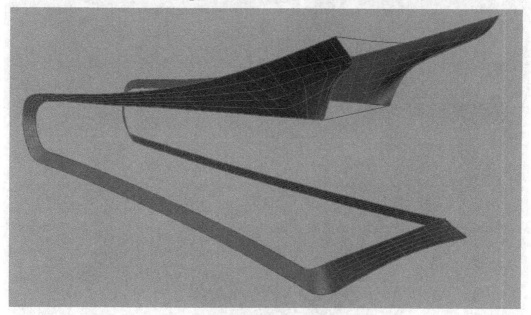

图 4-219　制作侧面带状盖曲面造型

(4) 应用"四边建立曲面"命令，选择如图所示的①②③④四条边线，绘制前盖部分造型(灰色曲面)，造型如图 4-220、图 4-221 所示。

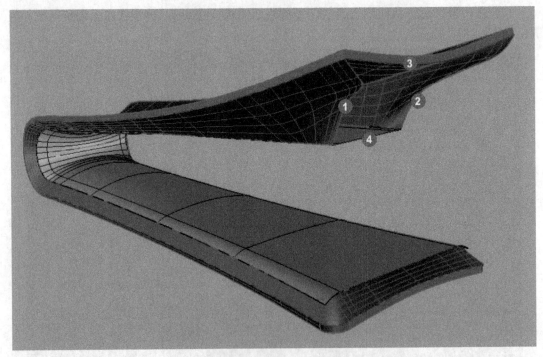

图 4-220　应用"四边建立曲面"命令建立曲面

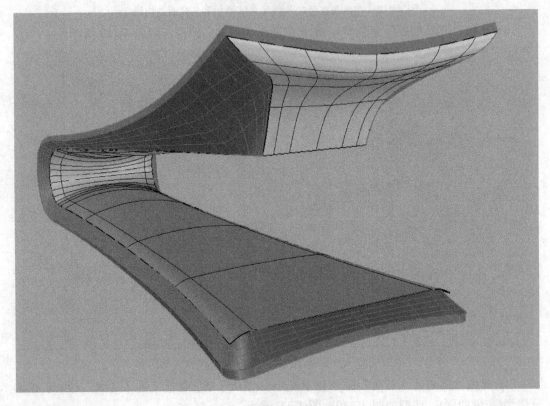

图 4-221　绘制前盖部分造型(灰色曲面)

5. 细节部分

1) 制作带状曲面与前盖部分过渡圆角

(1) 对 U 形外盖上部端点部分倒圆角，圆角半径为 10 mm，如图 4-222 所示。

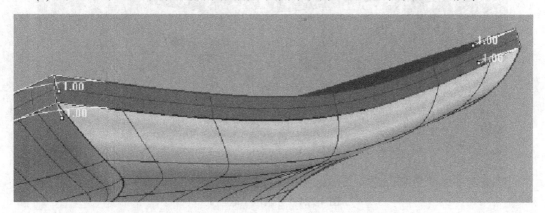

图 4-222　对 U 形外盖上部端点部分倒圆角

(2) 应用"提取结构线"命令，提取带状曲面和前盖部分结构线，如图 4-223 中的白色高亮线条，打开"端点捕捉"物件锁点，结构线的上端点在步骤(1)产生的圆角的两个端点，如图中的黑点部分所示。

说明：步骤(1)产生的圆角有两个端点，步骤(2)制作的结构线是垂直走向，有上端点和下端点。

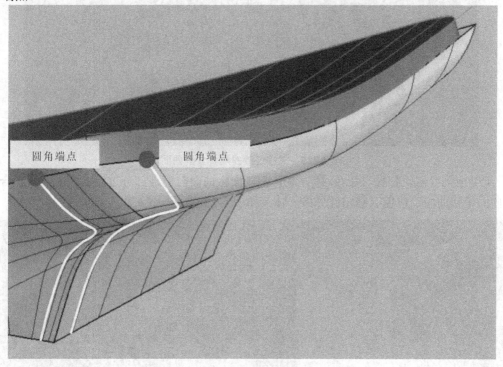

图 4-223　提取带状曲面和前盖部分结构线

(3) 应用"分割"命令 ⊥，带状曲面和前盖部分被两条结构线分割，将中间部分删除，得到如图 4-224 所示的空缺位置。

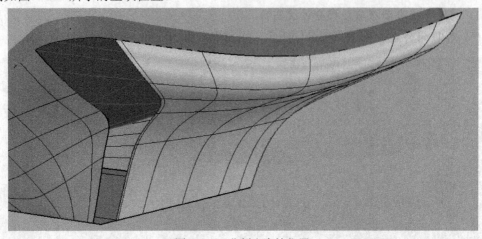

图 4-224　分割出空缺位置

(4) 应用"曲线混接"命令 ♀ ♂，对①②边线进行混接，得到红色线条，用这条白色曲线分割相邻的曲面，要删除多余曲面(圆圈内显示)，如图 4-225 所示。

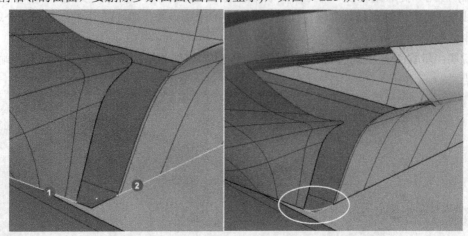

图 4-225　混接过渡曲线并分割曲面

(5) 应用"双轨扫掠"命令 ⌒，制作带侧面状曲面与前盖部分过渡曲面，然后组合侧面曲面带状曲面、前盖、圆角部分成一体，如图 4-226 所示。

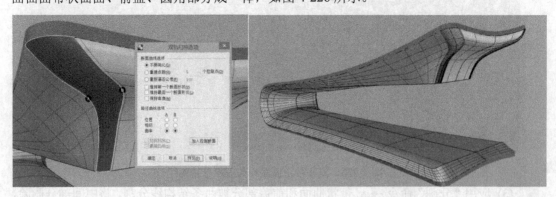

图 4-226　制作带侧面状曲面与前盖部分过渡曲面

2) 制作装饰部分

(1) 绘制如图曲线(白色高亮显示)，分别分割侧面曲面带状曲面和前盖曲面，形成不同的色彩搭配装饰部分，如图 4-227 所示。

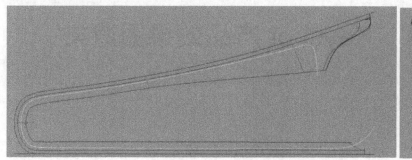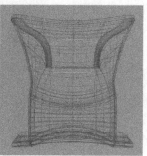

图 4-227　分割侧面曲面带状曲面和前盖曲面

(2) 补充金属下钉支撑座部分，形成如图 4-228 所示的造型，至此，订书机的整体造型制作完毕。

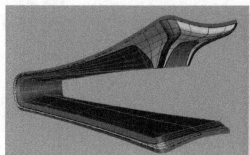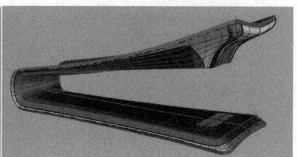

图 4-228　补充金属下钉支撑座部分

第 5 章　Keyshot 产品效果图渲染

【教学目标】

本章讲解渲染特点，软件 Keyshot 渲染参数的设置与输出，使读者快速掌握效果图的制作技巧。

【教学内容】

(1) 渲染的基本概念；
(2) Keyshot 渲染参数的设置与输出；
(3) 常见材质渲染练习；
(4) Keyshot 开瓶器动画设置。

【教学重点难点】

重点：Keyshot 渲染参数的设置与输出。
难点：不同材质真实质感的调节。

5.1　渲染基本概念

渲染是模拟物理环境的光线照明、物理世界中物体的材质质感来得到较为真实的图像的过程。要用渲染软件渲染出逼真完美的图像，必须先了解影响图像品质的三个要素：光线、环境、材质。其中以光线最为重要，一个场景的光照度会影响所有物体的颜色、阴影、反射、折射等这些表现物体真实度的元素；环境对产品效果图也会产生很大的影响，一般情况下，光线和环境的关联性很强，环境场景可作为产品表面的反射物，在一些表面特别光亮的产品体现得更加清晰，如不锈钢、光亮的塑料、镜面材料等都反射出环境图像。产品效果图渲染涉及术语，如全局照明、HDRI 动态图像等。产品材质可赋予产品不同的材料质感，如塑料、金属、玻璃、陶瓷、木材等材料属性。如图 5-1 所示的水壶，在效果图制作阶段可以赋予不同的材料质感以表现不同的效果。另外，还有产品的纹理贴图，如木纹、布料、皮革、金属拉丝、表面粗糙感等，用来表现不同产品材料属性，呈现不一样的质感。

图 5-1　同一水壶的不同材料质感

5.1.1　全局照明

全局照明，又称 GI。工业产品渲染中一般采用全局照明来获得较好的光照分布，也可以利用灯光对象，一般是两者结合使用。全局照明的光是均匀的，若强度太大会使画面显得比较淡，而利用灯光对象可以很好地塑造产品的亮部与暗部。

全局照明的概念非常简单，想象一间没有开灯的房间有一扇窗户，室外的自然光就可以从这扇窗户进入到室内，室内就不会因为没有灯光照明而变成全黑的空间，所以全局照明被形容成"懒人灯光"，其目的是让使用者以最自然的光线、不需要花很多时间调整灯光的方式就可以得到很好的照明效果。在现实世界中，光能从一个曲面反弹到另一个曲面，这往往会使阴影变得柔和，并使照明比不反弹光能时更加均匀。全局照明使用的光子与用于渲染焦散的光子相同。实际上，全局照明和焦散都属于同一个类别，该类别称为间接照明。在场景中，可以使用全局照明来创建平滑的、外观自然的照明。

5.1.2　HDRI 特点

HDRI(High-Dynamic Range Image)是高动态范围图像。简单地说，HDRI 是一种亮度范围非常广的图像，它比其他格式的图像有着更大亮度的数据存储，而且它记录亮度的方式与传统的图片不同，不是用非线性的方式将亮度信息压缩到 8 bit 或 16 bit 的颜色空间内，而是用直接对应的方式记录亮度信息。可以说，它记录了图片环境中的照明信息，因此可以使用这种图像来"照亮"场景。很多 HDRI 文件都是以全景图的形式呈现的，我们也可以用它作环境背景来产生反射与折射。

环境贴图主要有两种类型：一种是真实世界的环境贴图，比较适合渲染交通工具效果图，如图 5-2 所示；另外一种是类似摄影棚的环境贴图，这种环境贴图比较适合商业性质效果图，背景基本是灰白色或黑色，以突出产品为核心。HDRI 图像支持的格式有*.hdr 和 *.hdz。两种类型环境贴图在效果图中的应用如图 5-3 所示。

图 5-2　两种类型环境贴图在效果图中的应用(一)

图 5-3　两种类型环境贴图在效果图中的应用(二)

5.2　Keyshot 产品效果图渲染

在本节中，我们重点介绍使用 Keyshot 渲染器来渲染场景，Keyshot 是一款即时渲染软件。所谓即时渲染技术，就是可以让使用者在调节渲染参数的同时能够在软件中直观地看到渲染的效果，从而可以更加方便地设置渲染的参数，提高渲染效率的技术。

Keyshot 是一款优良的光线跟踪和全局光照渲染软件，由 Luxion ApS 发行制作，Keyshot 渲染器可以单独使用，也可以作为插件安装到相关建模软件中。Keyshot 的出现使原来需要专业人员才能进行的渲染工作变得轻松起来，真正实现了渲染的"平民化"。Keyshot 的操作界面如图 5-4 所示，使用上也有很多技巧。

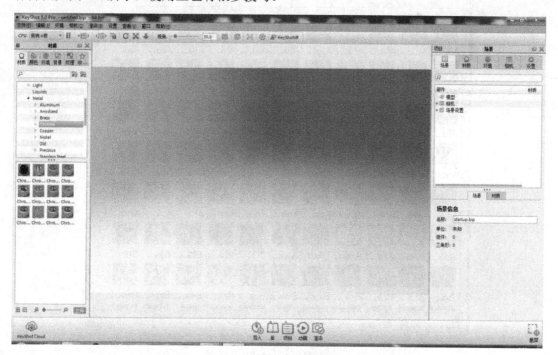

图 5-4　Keyshot 的界面

1. Keyshot 库

Keyshot 软件介绍及视频教程见 5.1 "Keyshot 渲染器介绍"。

常用 Keyshot 库有材质库、HDRI 环境库、背景库、纹理库，如图 5-5～图 5-8 所示。用户可以上网下载这些库，并添加至 Keyshot 中。操作方法：打开桌面上的"Keyshot 5 Resources"快捷图标，弹出库的文件夹路径，如图 5-9 所示，用户可分类进行添加。网上下载的材质库只能放在材质库文件夹中，Keyshot 材质文件名为 *.mtl；HDRI 环境库文件名为 *.hdz、*.hdr，只能放在环境库文件夹中；背景库和纹理库的文件为图片格式，一般格式为 jpeg，用户可根据需要添加。

5.1　Keyshot 渲染器介绍

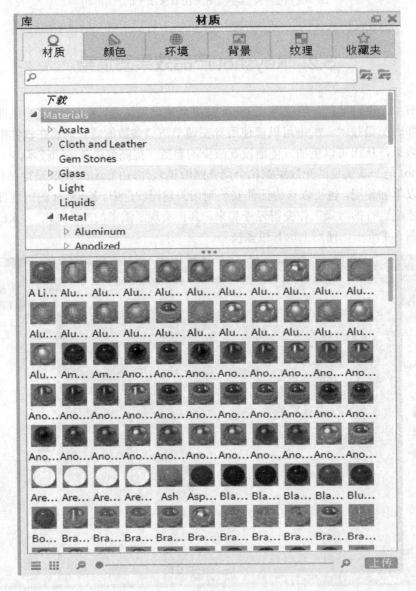

图 5-5　材质库

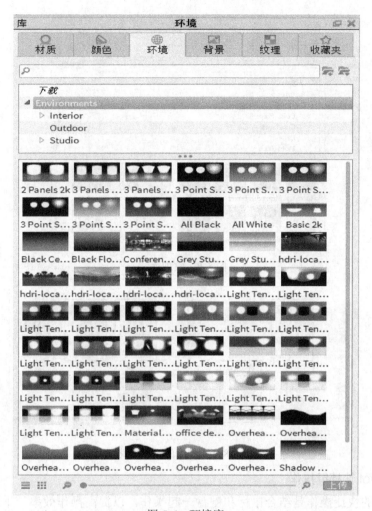

图 5-6 环境库

图 5-7 背景库

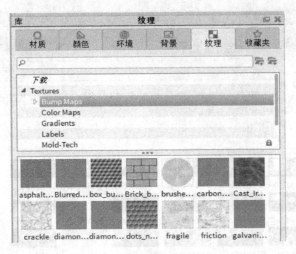

图 5-8　纹理库

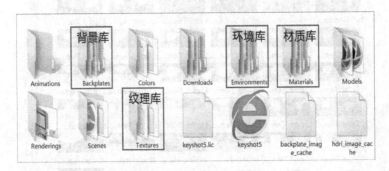

图 5-9　Keyshot 库的文件夹路径

2. Keyshot 快捷键操作

Keyshot 的快捷操作是结合鼠标和键盘一起操作，以提高操作效率。下面是 Keyshot 的一些常规性快捷操作方式。

(1) 选择材质：Shift + 左键。

(2) 赋材质：Shift + 右键，也可以直接将材质球拖到模型某个零部件上。

(3) 旋转模型：左键。

(4) 移动模型：中键。

(5) 加载模型：Ctrl + I。

(6) 环境贴图旋转：Ctrl + 左键。

(7) 打开背景图片：Ctrl + B。

5.2.1　Keyshot 渲染流程

本节以产品效果图渲染为案例讲解 Keyshot 渲染流程，主要包括对模型材质、灯光及场景等方面的设置。

Keyshot 渲染效果图流程见视频教程 5.2"Keyshot 渲染效果图流程"。

5.2　Keyshot 渲染效果图流程

　　(1) 导入模型。将模型导入到 Keyshot 中，导入方法：单击 Keyshot 窗口底部的"导入"按钮或者直接将 Rhino 模型拖入窗口中，弹出导入模型的设置窗口，点击"导入"按钮就可以了，如图 5-10 所示。

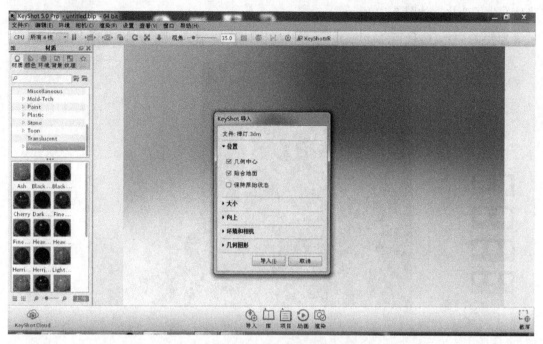

图 5-10　导入模型界面

　　导入模型结果如图 5-11 所示。可以看到，由于没有赋予材质，模型只是显示了 Rhino 中分层的效果，材质表现不好，即便这样，模型底部也产生了比较柔和的阴影效果，这是场景中默认灯光的作用。

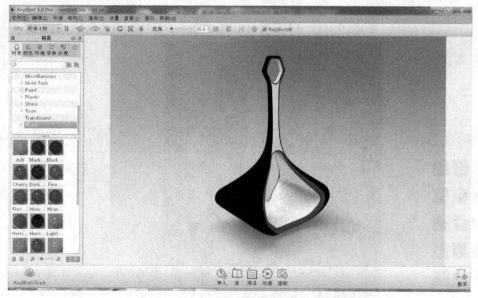

图 5-11　导入模型

(2) 设置环境贴图。由图 5-11 可以看到，模型的材质表现并不是很出色，这是因为场景中的灯光照射问题，此时可以打开环境贴图功能，为其添加新的环境贴图作为照明光源，也可以单击视图下方的材质库图标，将环境贴图直接拖动到视图中。可以看到此时模型的光感发生了变化，如图 5-12 所示。

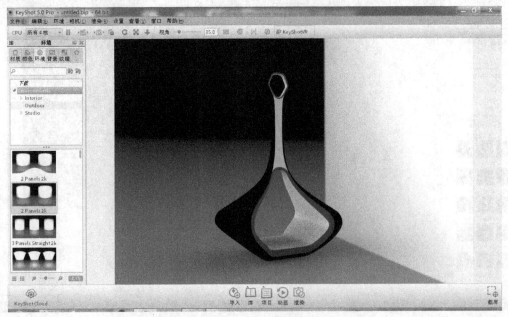

图 5-12　设置环境贴图

(3) 在材质库中找到木纹材质，赋予台灯主体木纹材质，但效果不好，如图 5-13 所示。在本案例中，我们选择新的木纹贴图，将之拖到台灯主体上，弹出"纹理贴图类型"窗口，选择"颜色"选项，如图 5-14 所示。

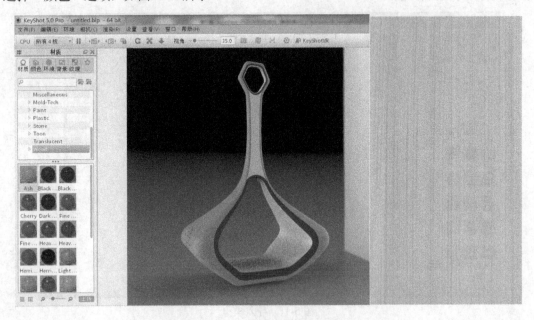

图 5-13　赋予台灯主体木纹材质效果图

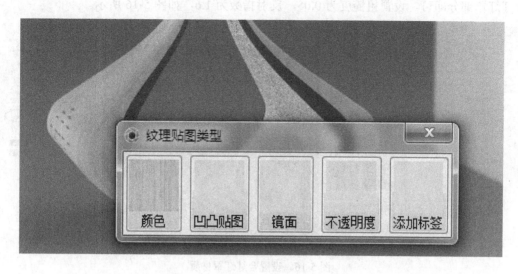

图 5-14　赋予台灯主体新的木纹材质

(4) 在模型的木纹材质上双击鼠标左键，在工作窗口右边的"材质"栏"纹理贴图"项目中调节贴图的缩放比例和重复数量，缩放比例为 0.01，贴图类型为盒贴图，就可以看到比较理想的木纹效果了，如图 5-15 所示。

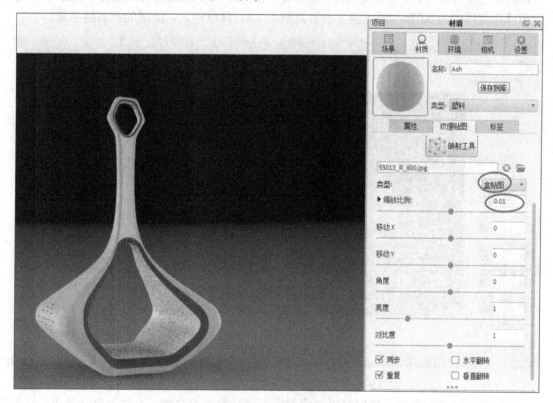

图 5-15　调节贴图的缩放比例和重复数量

(5) 设置台灯灯罩材质，在工作窗口左边"材质库"中找到白色塑料材质，直接拖到台灯灯罩部分即可。设置粗糙度为 0.05，反射指数为 1.6，如图 5-16 所示。

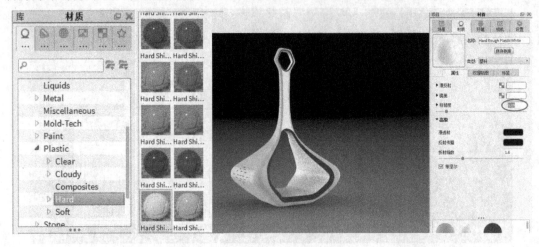

图 5-16　设置台灯灯罩材质

(6) 设置台灯主体金属装饰条材质。在工作窗口左边的"材质库"找到银灰色车漆材质效果，直接拖到台灯灯罩部分即可。金属漆材质分为两层，一层为透明涂层，另一层为金属涂层，两层交叠才能体现金属漆的最终效果。主体材质的基本设置如图 5-17 所示。其中，基本色为白色，金属色为浅灰色，金属覆盖范围为 0.5，该值越大，其高光的范围越大；金属涂层粗糙度为 0.075；透明涂层折射指数为 1.5，该值越大，涂层的折射越明显。

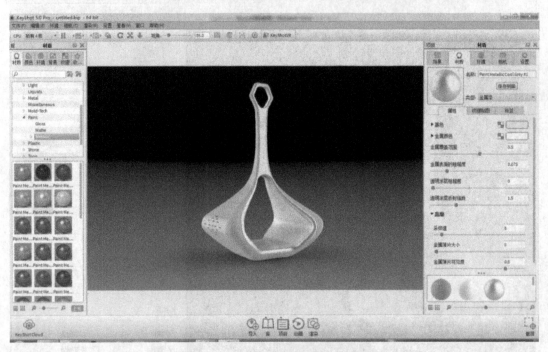

图 5-17　设置台灯主体金属装饰条材质

(7) 为模型添加背景。我们可以为模型添加两种类型的背景，一种为单一颜色，比如灰白色背景是在渲染效果图时经常用到的，如图 5-18 所示；另一种是一张背景图片，可以模拟真实的场景效果，如图 5-19 所示。

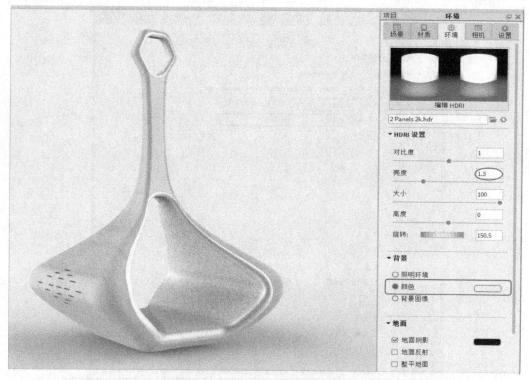

图 5-18　台灯灰白色背景的效果图

图 5-19　台灯在真实场景中的效果图

　　(8) 渲染设置。单击视图下方的"渲染"按钮，可以打开渲染"输出"的控制面板，"文件夹"可以指定渲染的保存路径；"格式"默认为 JPEG 格式，也可以存储为 PNG 格式，这样就可以利用 Photoshop 的通道功能，将模型和背景分离，前提是产品背景是单一颜色；"打印大小"用于设置输出的尺寸。当一切设置无误之后，可以单击右下角的"渲染"按钮对模型进行渲染，如图 5-20 所示。PNG 格式效果图可利用 Photoshop 自动去掉背景时的效果如图 5-21 所示。

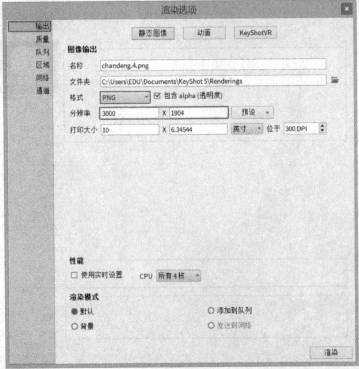

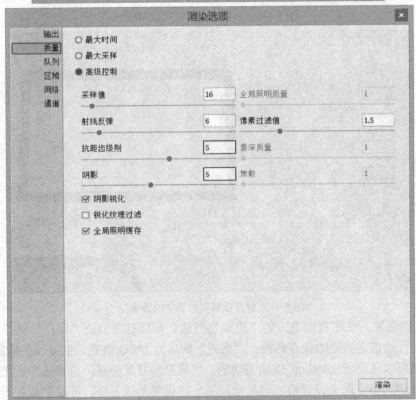

图 5-20　渲染参数设置

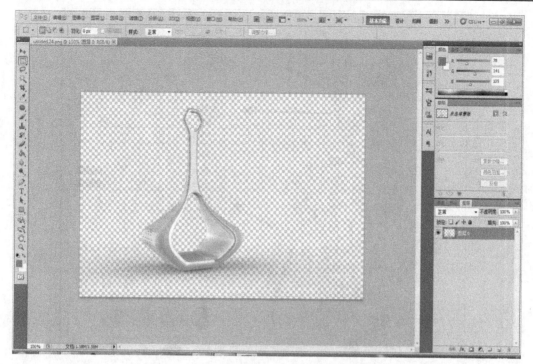

图 5-21　利用 Photoshop 自动去除背景后的效果

5.2.2　Keyshot 参数设置

1. 材质编辑

Keyshot 的材质编辑主要是在 Keyshot 右边的"材质"选项卡中进行设置，赋予模型材质之后，在需要的模型部位上双击鼠标左键，用户可在"材质"选项卡中编辑相应的材质属性，不同的材质属性有所不同。下面以一款红酒开瓶器为案例讲解几种常见材质的编辑。

1) 塑料

不同的塑料材质属性有所不同，常见的塑料类似有硬质高光塑料、柔软磨砂塑料、透明塑料。

塑料材质编辑见视频教程 5.3、5.4"塑料材质调节(一)、塑料材质调节(二)"。

(1) 硬质高光塑料。该开瓶器 A 部分采用黄色高光塑料和 B 部分浅灰色塑料，箭头所指在"材质库"中找到"Plastic" → "Hard" (硬塑料材质)，这是最为常见的塑料类型，开瓶器塑料部分包括黄色高光塑料(见图 5-22)和浅灰色塑料(见图 5-23)，可以使用同一种塑料材质，进行材质属性复制，在需要复制的模型材质上右键单击"复制材质"，在需要粘贴的模型上右键"粘贴已链接的材质"，在"材质"选项卡上只需要修改材质的色彩和折射指数，可以适当增加粗糙度，粗糙度为 0 表示模型表面光滑。粗糙度越大，反射光线越弱，模型表面光泽度就相应减弱。

5.3　塑料材质调节(一)

5.4　塑料材质调节(二)

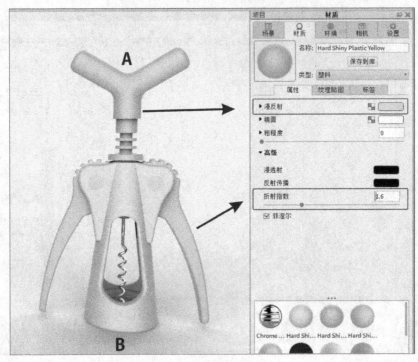

图 5-22　黄色高光塑料设置

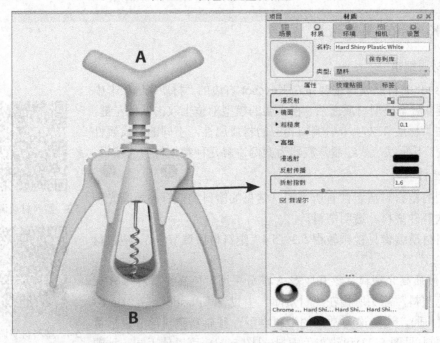

图 5-23　浅灰色塑料设置

漫反射：指定材质漫射的颜色。

镜面：指定材质镜面反射(高光)的颜色。

粗糙度：控制材质反射中的粗糙度(模糊反射)，这影响到外观的高光(光反射)。高粗糙值(大于 0.5)产生一个有大范围高光的粗糙表面，而低粗糙值创建一个有小范围高光的相对光滑的表面。

菲涅尔：控制光的传播和反射。

(2) 柔软磨砂塑料。该开瓶器采用浅绿色柔软磨砂塑料(箭头所指)，在"材质库"中找到"Plastic"→"Soft"(软塑料材质)，如图 5-24 所示。该类型塑料的主要特征是光泽度不明显，有表面散射效果，反光柔和，带有半透明的光线穿透的感觉，有明显的磨砂质感。

表面颜色：模型表面材质主要漫射的颜色，如果表面为全黑，就不会产生次表面的半透明柔和效果。

次表面颜色：控制当光线通过材质后反射到达眼睛的光线颜色。当光线通过表面会随机反弹到周围，创建出柔和的半透明效果，而不像玻璃直接反射的效果。另外，蜡质效果或硅胶材质效果也是同样的原理。

半透明：控制光线穿透表面后进入物体的深度，光线穿透模型表面，模型吸收一部分光线，反射就显得柔和。设置的数值越大，就会看到越明显的次表面效果，材质越柔和效果越明显。

折射指数：设置的数值越大，反射越强，表面光泽度越明显，为表现柔和磨砂的效果，折射指数要相应降低，常用数值是 1.4，最高数值是 2。

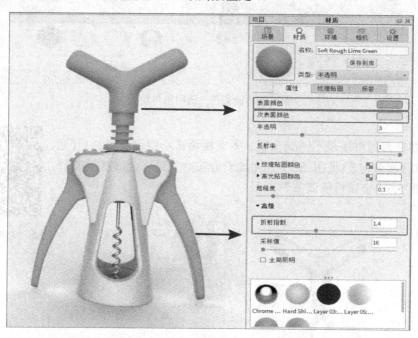

图 5-24　浅绿色柔软磨砂塑料设置

(3) 透明塑料。该开瓶器采用浅蓝色半透明塑料(箭头所指)，在"材质库"中找到"plastic"→"Clear"(透明塑料材质)，如图 5-25 所示。在硬质塑料基础上修改参数即可得到该类型塑料，其主要特征是透明效果明显，表面反光效果没有玻璃效果明显。

漫反射：要表现清澈的透明塑料材质，须将漫反射颜色设置为全黑色；如果要表现雾面塑料材质，可以将漫反射颜色设置为较深的颜色。

镜面：指定材质镜面反射(高光)的颜色。

粗糙度：控制材质反射中的粗糙度(模糊反射)，这影响到外观的高光(光反射)。高粗糙值(大于 0.5)产生一个有大范围高光的粗糙表面，而低粗糙值创建一个有小范围高光的相对光滑的表面。

　　菲涅尔：控制光的传播和反射。

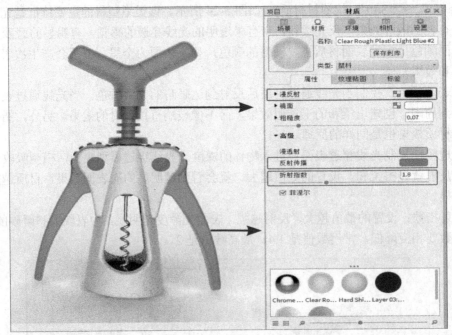

图 5-25　浅蓝色半透明塑料设置

2) 金属

　　开瓶螺旋刀的材质是不锈钢金属。本案例调试不锈钢金属材质(见图 5-26)和金属漆材质(见图 5-27)，对比看看实际效果。金属材质调节见视频教程 5.5 "金属材质调节"。

5.5　金属材质调节

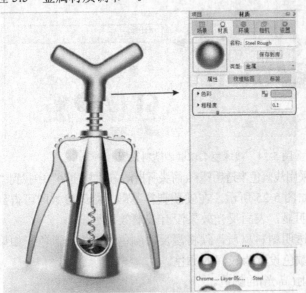

图 5-26　不锈钢金属材质

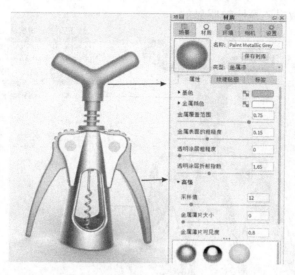

图 5-27　金属漆材质

这是简单的创建抛光和磨砂金属的方式，参数设置简单，只需设置"色彩"和"粗糙度"两个参数。

色彩：金属表面的色彩。

粗糙度：数值为 0 时，可以创建抛光光滑金属；数值越大，材质表面产生散射越强，金属表面越粗糙，可以创建磨砂金属。

在"PAINT"材质中选择金属油漆材质赋予产品，"PAINT"材质模拟油漆材质，第 1 层是基础层，第 2 层是控制金属喷漆薄片的程度，最上面一层是清漆，用于控制整个油漆的清晰反射。

基色：整个材质的颜色，也是油漆的底漆。

金属颜色：这一层相当于在底漆基础上喷涂了一层金属薄片，可以选择一个与基色类似的颜色来模拟微妙的金属薄片效果，一般金属颜色比基色明度和纯度更高些。

金属覆盖范围：控制金属色和基色的比例，值设置为 0 时，只能看到基色；值设置为 1 时，表面将几乎完全为金属色，一般值在 0.2～0.8 之间。

金属表面的粗糙度：金属颜色参数的延伸，设置数值较低时，只有高光周围有很少的金属色，设置数值较高时，整个表面的金属色的范围更大。

透明涂层粗糙度：金属漆最上面一层的是透明涂层(清漆)，可以模拟清晰的反射，数值为 0，表现光亮的抛光效果；数值增大时，就会出现磨砂效果，数值越大，磨砂效果越明显。

透明涂层折射指数：控制清漆效果，一般值设为 1.5 即可，数值越大，磨砂效果越明显。

3) 玻璃

本案例为开瓶器的旋转把手和两侧扶手赋予实心玻璃材质，如图 5-28 所示。

色彩：玻璃表面的色彩。

折射指数：设定玻璃的折射扭曲程度，一般数值越大，表面越光亮，颜色越浅。一般设置数值为 1.5～2.0。

粗糙度：数值越大，玻璃表面出现的散射效果越明显，可以制作磨砂玻璃效果，在本案中粗糙度为 0.1，效果还是比较明显的。

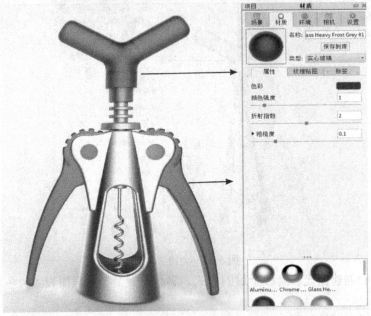

图 5-28　为开瓶器的旋转把手和两侧扶手赋予实心玻璃材质

2. 环境属性调节

在 Keyshot "项目"中的"环境"选项卡面板中，包含了照明的 HDRI 图像、环境贴图参数、背景设置、地面设置等。图 5-29 的环境背景是纯色，本案例中以接近 15% 的灰度为背景，这是商业效果图常用的背景设置，也是效果图渲染常用的输出背景。图 5-30 的环境背景为 HDRI 图像，能很清晰地看到 HDRI 图像，采用这种方式方便观看光源和照明方向。图 5-31 的环境背景是另外插入的烘托氛围的图片，增加了真实感。这三种方式可根据实际需要进行调整。

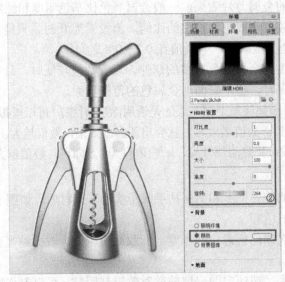

图 5-29　纯色背景

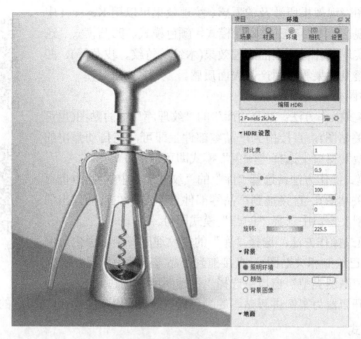

图 5-30　HDRI 图像背景

图 5-31　烘托氛围的图片

5.2.3　Keyshot 贴图

在产品效果图中，产品表面质感及纹理、贴图是表现真实质感的主要手段。常见的贴图效果有木纹、竹纹、皮革、布艺、瓷砖、墙面、金属拉丝、冲孔以及塑料表面的凹凸磨砂颗粒效果等，贴图的效果直接影响效果图的质量。贴图教程见视频教程 5.6、5.7"镂空贴图教程、贴图教程(一)"。

产品效果图表现效果所涉及的质感、纹理效果可以用 Keyshot 中的贴图模式实现，其主要有三种贴图模式，颜色模式、凹凸模式、透明模式，分别实现各种材质表面纹理效果(木纹、竹纹、皮革等)、凹凸磨砂效果、镂空效果等常用产品表面质感。

Keyshot 贴图模式操作方法：

(1) 颜色模式操作方法：选择"库"的"纹理库"中的贴图(也可以自己绘制相关贴图)，直接拖到产品零部件上即可，在自动弹出的"纹理贴图类型"窗口中选择"颜色"模式即可。

(2) 凹凸模式操作方法：选择"库"的"纹理库"中的贴图(也可以自己绘制相关贴图)，直接拖到产品零部件上即可，在自动弹出的"纹理贴图类型"窗口中选择"凹凸"模式即可。

(3) 透明模式操作方法：选择"库"的"纹理库"中的黑白透明贴图(也可以自己绘制相关贴图)，直接拖到产品零部件上即可，在自动弹出的"纹理贴图类型"窗口中选择"不透明度"模式即可。

5.6　镂空贴图教程

5.7　贴图教程(一)

接下来以开瓶器为案例讲解贴图的颜色模式、凹凸模式、不透明模式的实际应用。

1. 颜色模式

颜色模式用图像代替漫反射颜色，可以用真实的图片表现逼真的效果，颜色模式支持常见的图片格式。下面以开瓶器把手赋予木纹材质为案例讲解 Keyshot 色彩模式贴图过程。先在材质库中找到一个普通的木纹材质球赋予开瓶器把手，如图 5-32 和图 5-33 所示。然后切换到"纹理贴图"选项中，调节缩放比例为 0.01，这时候木纹效果就比较清晰地显示出来了，用户可根据需要调节木纹的粗糙度、折射指数、木纹纹理的角度等参数。

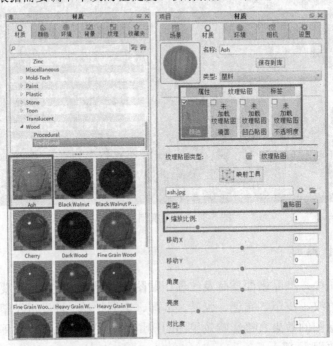

图 5-32　赋予木纹材质

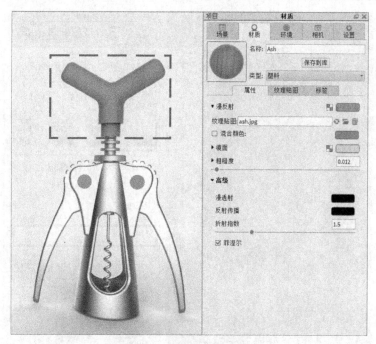

图 5-33　木纹材质把手效果

调节参数后的木纹把手效果如图 5-34 所示，木纹效果比较清晰。

图 5-34　调整后的木纹材质把手效果

　　也可以根据需要更改木纹图案，如将图 5-35 所示的木纹图案赋予开瓶器把手，可直接将图片拖到把手上，选择"颜色"模式，然后调节参数，缩放比例修改为 0.05，更改后的木纹图案效果如图 5-36 所示。

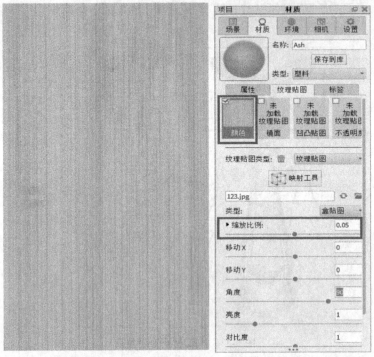

图 5-35　要更改的木纹图案

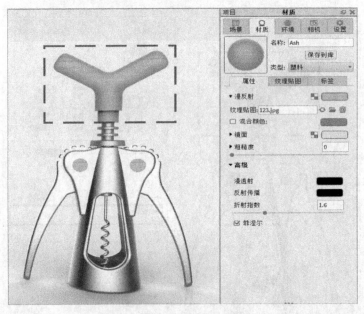

图 5-36　更改后的木纹图案效果

2. 凹凸模式

　　凹凸模式可以表现产品表面有凹凸小颗粒的材质效果，如磨砂效果、拉丝、皮革、地板缝等效果，主要是通过图片来创建，黑白和彩色照片都可以用来创建凹凸。图 5-37(a)所示是纹理图片，图 5-37(b)是将该图应用于金属材质上，并在"纹理贴图"选项中勾选"颜色"模式和"凹凸贴图"模式，由于图片是深灰色，故最终的效果体现为深灰色表面的凸起纹理。

(a)

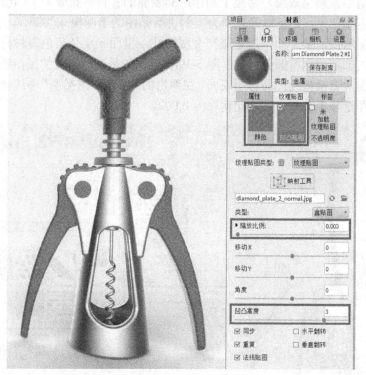

(b)

图 5-37　设置颜色和凹凸贴图后的效果

图 5-38 是不勾选"颜色"模式的效果，可以看到把手表面的凹凸效果非常明显，表面的色彩取决于材质属性的颜色。

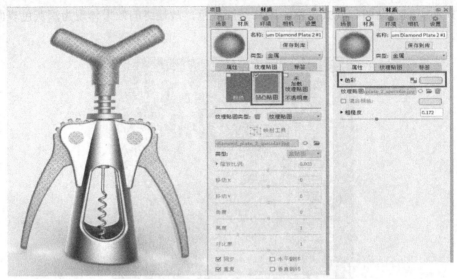

图 5-38　不勾选"颜色"模式的产品表面凹凸效果

3. 透明模式

　　Keyshot 贴图的透明模式是使用黑白图像或带有 Alpha 通道的图像来使材质的某些区域透明，以模拟透明或镂空效果，常见于制作产品表面的各种网孔效果，如金属网孔、织物网孔效果。在本案例中，还是以开瓶器为案例讲解贴图的透明模式的制作。图 5-39(a)所示的开瓶器有两层材质，最外面一层是镂空金属网孔，里面一层是蓝色塑料材质，透过镂空网孔可以看到内部蓝色塑料部分材质。图 5-39(b)显示的是纹理图案的黑白透明图图库，可以选中需要的图片直接拖到产品材质表面，在弹出的"纹理贴图类型"中选择"不透明度"，然后在材质贴图选项中调整"缩放比例"为 0.002。

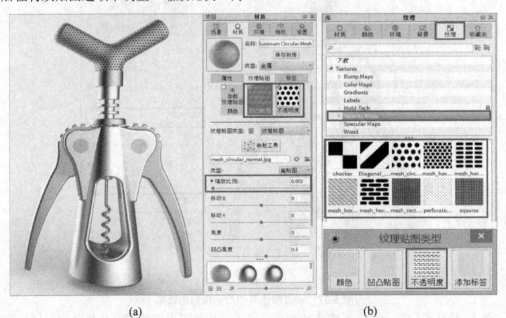

(a)　　　　　　　　　　　　　　　　(b)

图 5-39　镂空网孔材质效果

　　另外，我们可以根据需要选择不同的透明贴图制作不一样的镂空效果，如图 5-40～图 5-42 所示。

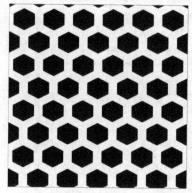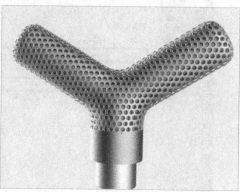

图 5-40　选择不同的透明贴图制作不一样的镂空效果(一)

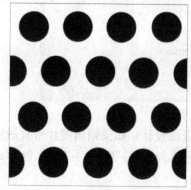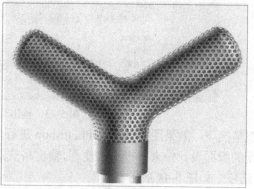

图 5-41　选择不同的透明贴图制作不一样的镂空效果(二)

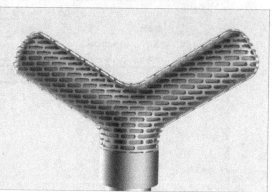

图 5-42　选择不同的透明贴图制作不一样的镂空效果(三)

5.2.4　渲染输出设置

　　用户可以通过截图方式保存效果图，但这种方式保存的图片不够清晰。产品效果图输出需要进行渲染输出参数的设置。点击 Keyshot 工作窗口正下方的"渲染"选项，弹出"渲染选项"窗口，输出设置如图 5-43 所示，可以自定义输出文件夹。一般输出效果图片格式为 JPEG 格式，分辨率根据需要调整。为制作出高清产品展板，建议输出分辨率为 3500 以上，这样打印出来的效果比较清晰，色彩效果也较好。

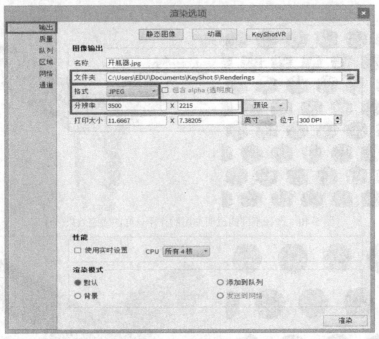

图 5-43　输出设置

一般情况下，效果图要输出到 Photoshop 进行版面设计，如果输出图片带有透明通道，则给后期的版面设计带来了极大的便利，输出格式选择为"PNG"格式，并勾选"包含 alpha(透明度)"选项，如图 5-44 所示。

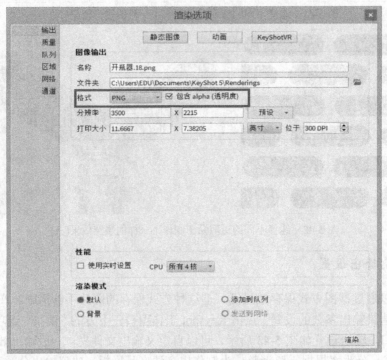

图 5-44　输出 "PNG" 格式

　　在"质量"选项区中，主要设置效果图的渲染效果质量参数，一般调整"抗锯齿级别"和"阴影"参数就可以了，如图 5-45 所示，下面来了解质量参数的相关属性。

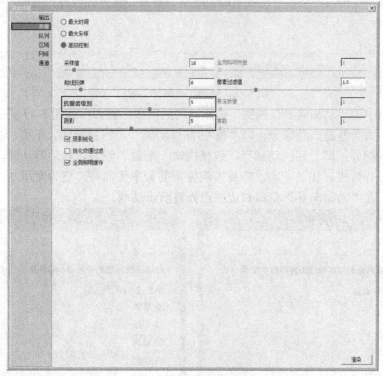

图 5-45　渲染质量参数

　　采样值：控制图像每个像素的采样数量，采样数量设置与抗锯齿级别设置相配合会得到比较好的效果，如果渲染一般效果，采用默认数值就可以了。

　　射线反弹：控制光线在每个物体上反射的次数，一般材质效果采用默认数值就可以。

　　抗锯齿级别：提高抗锯齿级别可以将物体的锯齿边缘细化，使效果更清晰，可以根据需要和电脑配置调整参数，一般设置为 4～6。

　　阴影：控制物体在地面上的阴影质量，数值越高，地面上的阴影过渡越自然，变化越丰富，一般数值为 4～6。

　　像素过滤值：主要为图像增加一个模糊的效果，得到柔和的效果。

　　最后点击"渲染"按钮即可。

5.3　Keyshot 产品动画基础

5.3.1　Keyshot 产品动画概念

　　制作产品动画主要是展示产品结构或工作原理的过程，可以结合视频软件制作展示视频，对于产品后期的概念展示和推介交流具有重要意义。

　　点击 Keyshot 工作窗口正下方的状态栏的"动画"按键，打开动画"时间轴"窗口，如图 5-46 所示。

图 5-46　动画"时间轴"窗口

　　点击窗口中的"动画向导"按键，弹出"动画向导"窗口，如图 5-47 所示。动画有两大类型：第一大类型是产品部分，即"模型/部件动画"，包括旋转、平移、淡出；第二大类型是摄像机部分，即"相机动画"，包括绕轨、缩放、倾斜、移动等功能，主要根据产品动画制作一些效果。相对而言，产品模块使用的频率更高些，更为实用些。用户可以点击具体功能，在"动画向导"窗口右边空白处将演示动画。

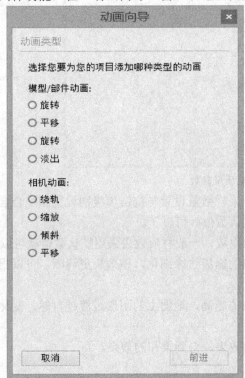 

图 5-47　Keyshot"动画向导"窗口

1. 模型/部件动画介绍

　　第一个旋转：产品整体旋转，经常用于原地 360 度旋转展示产品全面貌，视觉效果是产品自转，整体环境的光影不变。

　　平移：产品零部件的直线移动，一般要设置在哪个方向移动多少位移，有 X、Y、Z 三个轴的方向。

　　第二个旋转：产品零部件的旋转，如翻盖、旋转开关等。

　　淡出：利用该功能可以设置产品零部件的透明度，让产品零部件从透明到不透明进行过渡显示，制作更为炫酷的视觉效果。

2. 相机动画介绍

环绕：相机环绕产品旋转，产品不动，相机在动，这种相机环绕产品拍摄的方式给人的视觉效果是能看到周围环境的光影变化，比较适合交通工具的户外展示，户外光影变化能给产品带来炫酷的视觉效果体验。

缩放：通过改变相机与产品的焦距达到缩放的效果，类似数码相机的拉动镜头缩放的效果是一样。用户可以通过使用缩放功能展示产品的细节。

倾斜：相机通过一定的倾角来拍摄，达到特殊的视觉效果。

平移：相机靠近或离开产品，也能达到缩放的效果。

5.3.2　Keyshot 产品动画设置

下面以一开瓶器为案例讲解产品动画设置过程，开瓶器的工作原理：旋转开瓶器的 Y 形手把带动开瓶器两侧的手柄旋转，类似人慢慢展开翅膀的感觉，这种产品使用的体验是非常美妙的。调好材质的开瓶器效果如图 5-48 所示。开瓶器动画展示见视频教程 5.8 "开瓶器动画的制作"。

5.8　开瓶器动画的制作

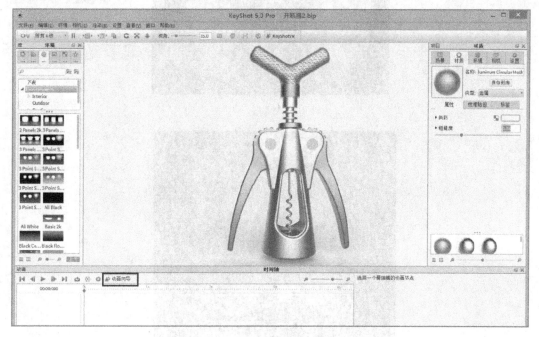

图 5-48　调好材质的开瓶器效果

1. 开瓶器工作状态展示

1) 开瓶器的工作状态

首先了解开瓶器的工作状态，如图 5-49 所示。(a) 将旋转体插入木塞中间；(b) 上方手柄往下旋转，将旋转体钻入木塞顶点，同时两侧双翼手柄慢慢往上抬；(c) 两手抓住两翼手柄，往下按压；(d) 利用杠杆原理，将双翼手柄按压到底部，即可将木塞从酒瓶取出。

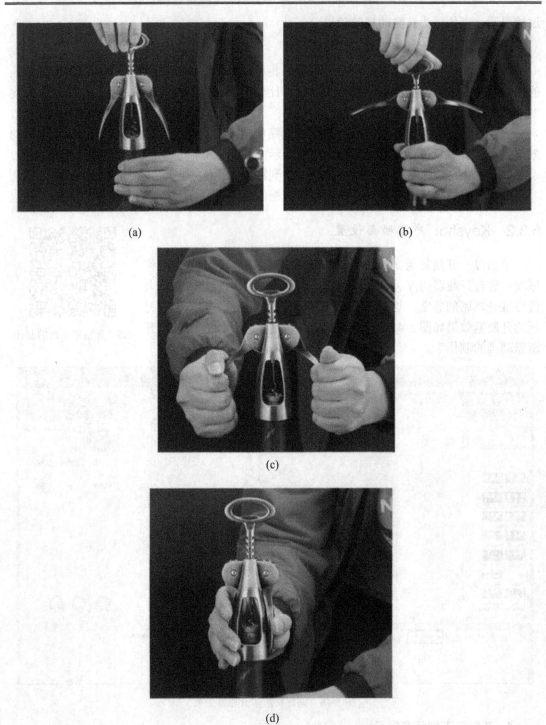

图 5-49　开瓶器的工作状态

2）设置整体旋转动画

在本案例中，为了演示效果更好，酒瓶首先不出现在画面中，等开瓶器整体旋转 360
度之后，酒瓶开始从画面下方往上移动进入画面，贴近开瓶器的螺旋刀口。

　　点击图 5-48 中的"动画向导"按钮，在"动画向导"的"模型/部件动画"类型选择第一个"旋转"选项，找到"开瓶器"模型；在"动画向导"中设置旋转角度为 360 度，如图 5-50 所示。

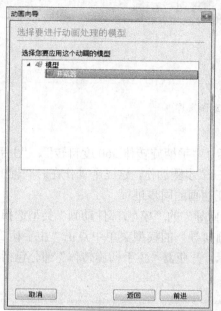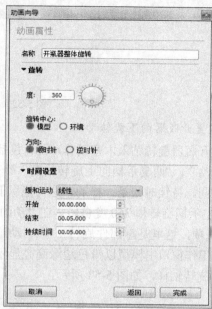

图 5-50　设置开瓶器整体旋转动画

3) 设置红酒瓶平移动画

　　在"模型/部件动画"类型中选择"平移"，找到红酒瓶模型；在"动画向导"中设置"平移"Z 轴方向的数值为 1.35 个单位，如图 5-51 所示，"红酒瓶平移"动画紧挨"开瓶器整体旋转"动画的后面，表现动画的连贯性，如图 5-52 所示。

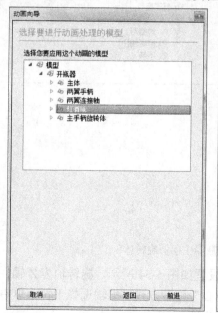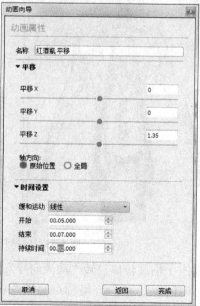

图 5-51　设置酒瓶动画

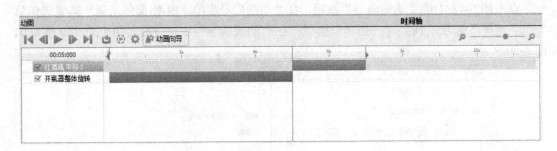

图 5-52　动画顺序

4) 设置开瓶器向下旋转动画

设置开瓶器旋转钻入木塞动作动画，包括"主手柄旋转体 360 度自转"、"主手柄旋转体向下移动"、"两翼手柄向上旋转抬高"等三个步骤动作，这三个动作在时间轴上的起点和终点相同，持续时间是一样的，这样能保证动画的同步进行。

(1) 主手柄旋转体 360 度自转。在"动画向导"的"模型/部件动画"类型选择"旋转"(第三个选项，这里是零部件旋转)。在"动画向导"的模型菜单中点击"主手柄旋转体"模型，在工作窗口中模型以橙色边缘高亮显示，开瓶器"主手柄旋转体"部分包括了手柄、螺旋刀、旋转轴杆，如图 5-53 所示。

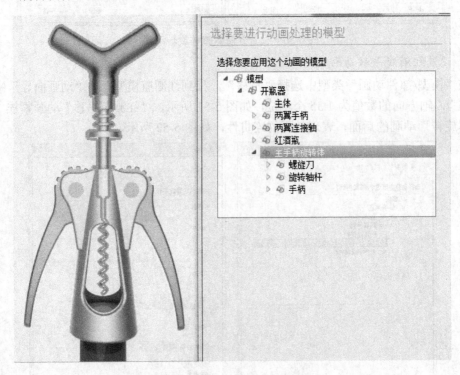

图 5-53　选择开瓶器主手柄旋转体

开瓶器主手柄旋转体自转"动画向导"设置如图 5-54 所示，旋转轴为 Z 轴，旋转角度为 360 度，时间设置为 5 s。枢轴点选择"中心"旋转方式，枢轴选择下拉菜单中的"旋转轴杆"，如图 5-55 所示的橙色选中部分，确定即可。

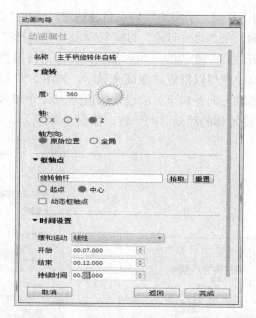

图 5-54 开瓶器手柄旋转体"动画向导"设置

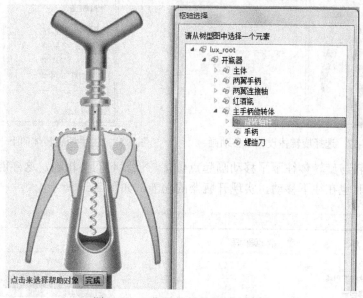

图 5-55 开瓶器旋转体枢轴点选择

在动画时间轴上出现"主手柄旋转体自转"的动画时间轴，如图 5-56 所示。

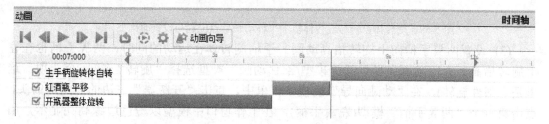

图 5-56 动画时间轴上出现"手柄旋转体自转"的动画时间轴

(2) 主手柄旋转体向下移动。手柄旋转体在自转的同时也在"Z 轴"方向往下移动，故还要设置旋转体平移动画。在"动画向导"的模型/动画类型选择"平移"，在"动画向导"的模型菜单中，点击"开瓶器"左边的三角形箭头，弹出下拉模型菜单，点击"主手柄旋转体"模型，在工作窗口中模型以橙色边缘高亮显示，如图 5-57 所示。在弹出的"动画设置"平移窗口中，平移 Z 轴方向是向下，故设置数值为 –0.1 个单位，可以根据实际情况调整，设置时间为 5 s，与旋转体的动画时间一致，如图 5-58 所示。

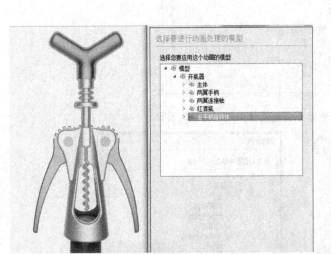

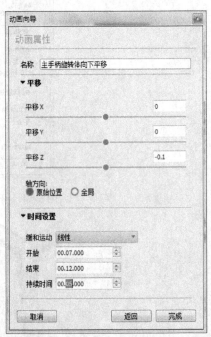

图 5-57　选择旋转体设置平移动画　　　　图 5-58　主手柄旋转体向下平移动画设置参数

旋转体自转与旋转体往下平移动画起点位置与设置时间要相同，这样能保证手柄旋转体在自转的同时也在往下移动，实现开瓶器的功能，如图 5-59 所示。

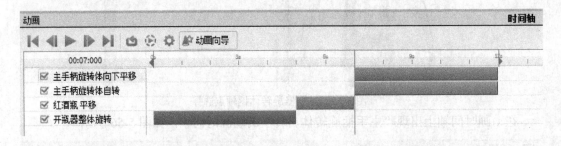

图 5-59　旋转体自转与旋转体往下平移动画启点位置与设置时间要相同

(3) 设置两翼手柄向上旋转抬高动画。手柄旋转体在运动的同时，两翼手柄也在往上旋转抬高。在"动画向导"的"模型/部件动画"类型选择"旋转"(第三个选项，这里是零部件旋转)，在"动画向导"的模型菜单中，点击"开瓶器"左边的三角形箭头，点击第一个"两翼手柄"模型(左翼手柄)，在工作窗口中模型以橙色边缘高亮显示，如图 5-60 所示。

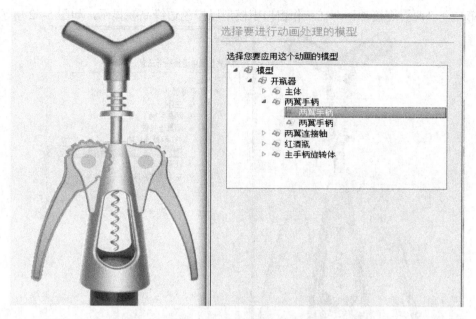

图 5-60　选择左翼把手模型

设置参数，选择角度为 105 度，旋转轴为 Y 轴，旋转时间为 5 s，如图 5-61 所示。

图 5-61　左翼手柄旋转抬高动画设置参数

设置左翼把手顺时针旋转抬高的动画，枢轴点参考物体选择"两翼连接轴"中下拉菜单的第二个"两翼连接轴"，在工作窗口中模型以橙色边缘高亮显示，如图 5-62 所示。

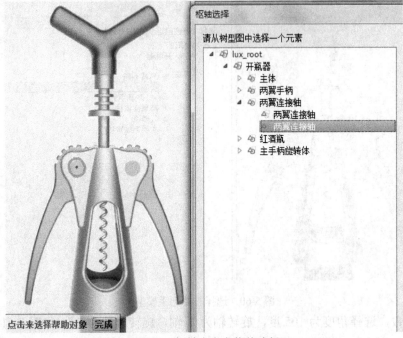

图 5-62　枢轴点参考物体选择

以同样的动画设置方式，设置右翼把手逆时针旋转动画。在"动画向导"的"模型/部件动画"类型选择"旋转"(第三个选项，这里是零部件旋转)，在"动画向导"的模型菜单中，点击第二个"两翼手柄"模型(右翼手柄)，在工作窗口中模型以橙色边缘高亮显示，如图 5-63 所示。

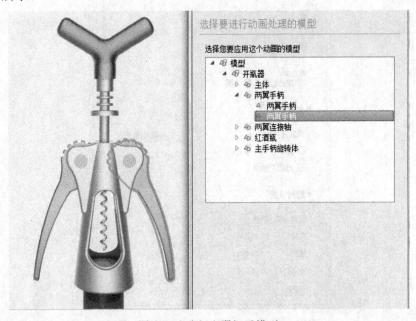

图 5-63　选择右翼把手模型

枢轴点参考物体选择"两翼连接轴"中下拉菜单的第一个"两翼连接轴"，在工作窗口中模型以橙色边缘高亮显示，如图 5-64 所示。

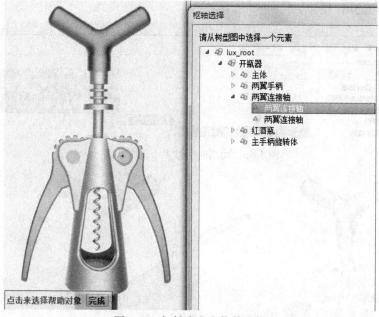

图 5-64 枢轴点参考物体选择

设置参数，选择角度为 –105 度，旋转轴为 Y 轴，旋转时间为 5 s，如图 5-65 所示。

图 5-65 左翼手柄旋转抬高动画设置参数

旋转体自转动画旋转体往下平移动画、左翼手柄顺时针旋转、右翼手柄逆时针旋转起点位置与设置时间要相同，这样能保证手柄旋转体自转的同时也往下移动，两翼把手同时也在旋转抬高，实现开瓶器的功能，如图 5-66 所示，开瓶器旋转体插入红酒木塞前后的动画状态对比如图 5-67 所示。

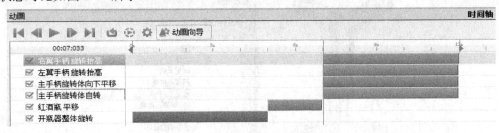

图 5-66　动画时间轴多个动画状态

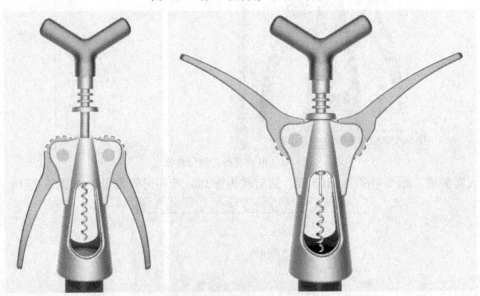

图 5-67　开瓶器旋转体插入红酒木塞前后的动画状态对比

(4) 设置开瓶器按压动作动画。

① 动作镜像。在动画 12 s 处，手柄旋转体已经旋转到底部，旋转刀已钻入木塞中，两翼手柄也抬到最高位置。在该基础上，向下按压两翼手柄，同时手柄旋转体往上旋转，带出木塞，实现开瓶功能。两翼手柄和手柄旋转体的旋转动画是动作(3)的逆向动作，不用再重复(3)中步骤，只需要将图 5-68 时间轴上的 4 个动画动作进行镜像就可以实现逆向动作，如图 5-69 所示，镜像后的 4 个动画动作从 12 s 开始，17 s 结束，如图 5-70 所示。

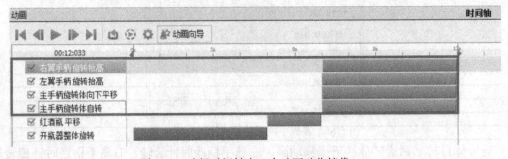

图 5-68　选择时间轴上 4 个动画动作镜像(一)

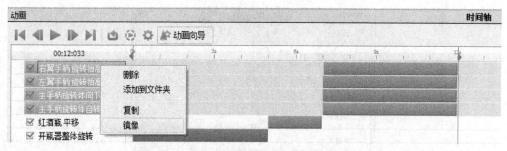

图 5-69　选择时间轴上 4 个动画动作镜像(二)

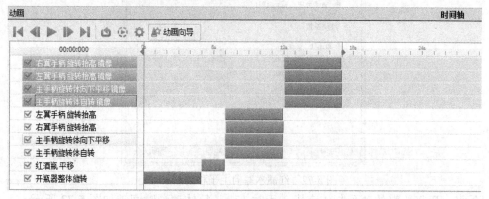

图 5-70　4 个动画动作镜像结果

②　红酒木塞向上平移运动。4 个动画镜像动画之后相当于回到初始的状态,但在这里要从红酒瓶中带出木塞,所以还要设置木塞在"Z 轴"方向向上运动的动画。在"动画向导"的"模型/部件动画"类型中选择"平移",在"动画向导"的模型菜单中,点击"红酒瓶"左边的三角形箭头,弹出下拉的模型菜单,点击"木塞"模型,在工作窗口中模型以橙色边缘高亮显示,如图 5-71 所示。

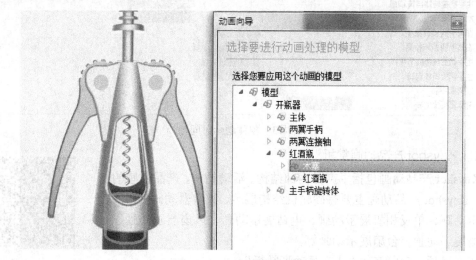

图 5-71　选择右翼把手模型

在弹出的"动画设置"平移窗口中,平移 Z 轴方向移动数值为 0.65 个单位,动画时间为 5 s,木塞动画开始与结束时间与前面镜像的 4 个动作一致,如图 5-72 所示。

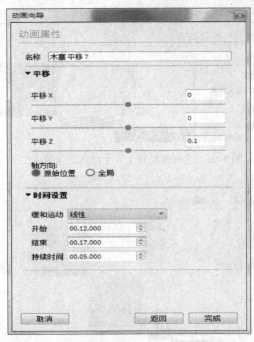

图 5-72　红酒木塞向上平移动画设置

至此，开瓶器整体动画制作完毕，历时 17 s，整体动画时间轴如图 5-73 所示。

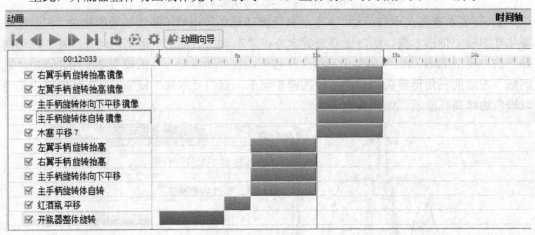

图 5-73　整体动画时间轴

2.　Keyshot 产品动画赏析

Keyshot 产品动画包括了产品内部结构、活动结构，产品质感的展示。Keyshot 产品动画主要有砂轮机结构展示、吸尘器动画、切割机展示动画、单反相机展示动画、电钻展示动画、风扇展示动画、开瓶器展示动画、台扇展示动画等。

拓展视频：5.9 "Keyshot 产品动画赏析"。

5.9　Keyshot 产品动画赏析

第6章 3D打印概述

【教学目标】

本章系统讲解3D打印基础知识，主要内容有3D打印在产品设计方面的应用情况，3D打印的优、劣势分析，3D打印的原理，3D打印机机型选购等。

【教学内容】

(1) 3D打印对产品设计的影响；

(2) 3D打印的优势与劣势；

(3) 3D打印的技术原理；

(4) 3D打印机机型选购。

【教学重点难点】

重点：熔融挤压式FDM成型工艺，3D打印平台机型选购。

难点：常见快速成型工艺方法的比较。

6.1 3D打印与产品设计

6.1.1 3D打印原理

从制造工艺的技术上讲，3D打印称为增材制造(Additive Manufacturing，AM)。它是一种以3D设计模型文件为基础，运用不同的打印技术、方式，使用特定的材料，通过逐层堆叠的方式来制造物体的技术。3D打印原理如图6-1所示，3D打印过程如图6-2所示。

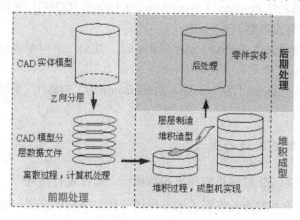

图6-1 3D打印原理

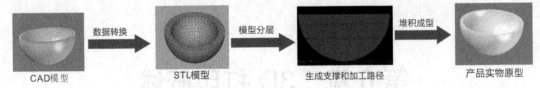

图 6-2　3D 打印过程

现在，3D 打印技术广泛应用于汽车、家电、电动工具、医疗、机械加工、精密铸造、航空航天、工艺品制造及儿童玩具等行业，随着技术的发展，打印质量不断完善和提高，其应用领域将不断拓展。

设备方面，目前国内一些电商平台销售的 3D 打印机多为桌面型，如图 6-3 所示。这类设备使用的技术属于熔融堆积技术，以 ABS 和 PLA 为主要原料，能够满足个人设计的一般性需求，其优点在于体积小巧、操作方便、性价比高。专业级的 3D 打印机有着多样化的成型技术，因此和个人 3D 打印机相比，耗材更为丰富(塑料、尼龙、光敏树脂、高分子、金属粉末等)，设备在自动化程度和稳定性方面都有显著提高，同时售价也不菲。

图 6-3　桌面型 3D 打印机与产品

根据所使用的材料和建造技术的不同，目前应用比较广泛的 3D 打印方法有如下四种：

(1) 光固化成型法(Stereo Lithography Apparatus，SLA)：采用光敏树脂材料通过激光照射逐层固化而成型。

(2) 叠层实体制造法(Laminated Object Manufacturing，LOM)：采用纸材等薄层材料通过逐层黏结和激光切割而成型。

(3) 选择性激光烧结法(Selective Laser Sintering，SLS)：采用粉状材料通过激光选择性烧结逐层固化而成型。

(4) 熔融沉积制造法(Fused Deposition Manufacturing，FDM)：采用熔融材料加热熔化挤压喷射冷却而成型。

6.1.2　3D 打印对工业设计的意义

1. 工业设计师应用 3D 打印机打印出实物模型，简化设计流程

模型制造难度和成本的降低将极大地方便设计师与客户的交流，也有助于产品的推敲和及时修改，将设计构思和设计方案及时地以实物方式呈现在客户面前，以更加直观的方

式和客户沟通，而不是传统的只让客户看效果图，从而避免产品出来以后客户感觉和效果图不一样，缩短开发时间，降低总体成本。设计师的理念与标准从传统的小心翼翼、顾客至上、受技术要求限制转变为大胆创新、追求人性化、超越技术要求限制，设计师的设计活动更加自由、高效，设计周期和设计成本无形中缩小了，如图 6-4 所示。

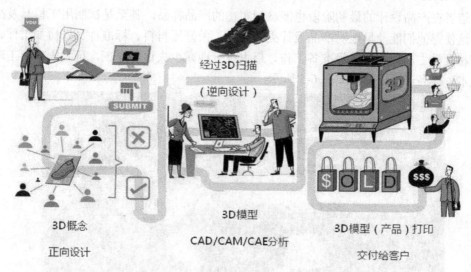

图 6-4　新的设计与生产流程图

2. 促进设计平民化

3D 打印为产品制造带来了极大便利，它能将创意概念变成现实产品。且随着技术的进步，3D 建模技术会变得更加先进，甚至不需要建模也能进行 3D 打印，设计不再是一小群人的专利，每个有想法的人都能成为设计师。商品不再局限于企业提供的种类，用户可以自己设计并制造一个新的产品。设计平民化未必能生产出更具美感的产品，但一定会更贴近生活，同时也满足了普通人对产品的情感表达。

3. 促进定制生产

3D 打印的主要方向是私人定制，它不适合大批量的生产。许多小团队在众筹前期可能需要给大家展示产品，这样比较能得到支持者的信任，这种时候批量打印是一个好主意。另外，个性化时尚产品比较适合 3D 打印定制生产，如首饰、装饰品；还有医疗产品，如牙齿、骨骼等人体器官，可以根据每个患者的数字化扫描模型进行定制加工，这样比较贴合患者的实际需求，并节省大量宝贵的时间。

6.2　3D 打印的优势与劣势

6.2.1　3D 打印的优势

1. 设计者受益

采用 3D 打印技术之后，设计者在设计的最初阶段就能拿到实在的产品样品，可对产品设计进行校验和优化，并可在不同阶段快速地修改、重做样品，甚至做出试制用工模具及少量的产品。设计者无需多次反复思考、修改，即可尽快优化结果，从而能显著地缩短设计周期和降低成本。

2. 制造者受益

制造者在产品设计的最初阶段也能拿到实在的产品样品，甚至是试制用工模具及少量产品，这使得他们能及早地对产品设计提出意见，做好原材料、标准件、外协加工件、加工工艺和批量生产用工模具等准备工作，最大限度地减少失误和返工，可大大节省工时、降低成本，提高产品质量，如图 6-5 所示。

图 6-5　3D 打印加快生产进度

3. 推销者受益

推销者在产品设计的最初阶段也能拿到实在的产品样品甚至少量产品，这使得他们能据此及早、实在地向用户宣传和征求意见，以及进行比较准确的市场需求预测，而不是仅凭抽象的产品描述或图纸、样本来推销。所以，快速成型技术可显著降低新产品的销售风险和成本，大大缩短其投放市场的时间，高竞争能力。

4. 用户受益

用户在产品设计的最初阶段，也能见到产品样品甚至少量产品，这使得用户能及早、深刻地认识产品，进行必要的测试，并及时提出意见，从而可以在尽可能短的时间内，以最合理的价格得到性能最符合要求的产品。

6.2.2　3D 打印的劣势

任何一个产品都应该具有功能性，而如今由于受材料等因素的限制，通过 3D 打印制造出来的产品在实用性上要打一个问号。

1. 打印效率不高

3D 打印民用材料主要是塑料，目前材料价格比较高，导致 3D 打印制造成本较高；制造效率不高，3D 打印始终无法形成像传统生产线那样的规模，以制作人像为例：一个 20 cm 左右高度的人像，在保证精度细节的情况下大概需要 10 个小时甚至更多的时间，而且打印精度尚不能令人满意。3D 打印目前并不能取代传统制造业，事实上，3D 打印更适合做一些小批量的定制产品。在未来制造业发展中，"减材制造法仍是主流"。

2. 精度问题

由于分层制造存在"台阶效应"，每个层次虽然很薄，但在一定微观尺度下，仍会形成具有一定厚度的一级级"台阶"，如果需要制造的对象表面是圆弧形，那么就会造成精度上的偏差。

3. 材料的局限性

目前供 3D 打印机使用的材料非常有限，无外乎石膏、无机粉料、光敏树脂、塑料等。能够应用于 3D 打印的材料还非常单一，以塑料为主。虽然高端工业印刷可以实现塑料、某些金属或者陶瓷打印，但显然还无法满足复杂的市场需求，这些材料对于民用应用还是有一定的距离。现在的 3D 打印机技术也还没有成熟，无法支持人们在日常生活中所接触到的各种各样的材料。

虽然 3D 打印技术还存在各种问题，但随着技术的发展，以及多种打印平台类型的研发和多种复合打印材料的开发完善，3D 打印设备和材料价格越来越便宜，3D 打印应用性和实用性越来越明显。

6.3　3D 打印的技术原理

6.3.1　熔融沉积成型

熔融沉积成型(Fused Deposition Modeling，FDM)是桌面型打印机应用最为广泛的快速成型工艺方法。

1. 熔融沉积快速成型工艺的基本原理

熔融沉积又叫熔丝沉积，它是将丝状的热熔性材料加热熔化，通过带有一个微细喷嘴的喷头挤喷出来，如果热熔性材料的温度始终稍高于固化温度，而成型部分的温度稍低于固化温度，就能保证热熔性材料挤喷出喷嘴后，随即与前一层面熔结在一起。一个层面沉积完成后，工作台按预定的增量下降一个层的厚度，再继续熔喷沉积，直至完成整个实体造型。将实芯丝材原材料缠绕在供料辊上，由电机驱动辊子旋转，辊子和丝材之间的摩擦力使丝材向喷头的出口送进。在供料辊与喷头之间有一导向套，导向套采用低摩擦材料制成，以便丝材能顺利、准确地由供料辊送到喷头的内腔。喷头的前端有电阻丝式加热器，在其作用下，丝材被加热熔融，然后通过出口涂覆至工作台上，并在冷却后形成制件当前截面轮廓。熔融沉积成型工艺在原型制作时需要同时制作支撑，为了节省材料成本和提高沉积效率，新型 FDM 设备采用了双喷头，如图 6-6 所示。一个喷头用于沉积模型材料，一个喷头用于沉积支撑材料。双喷头的优点除了沉积过程中具有较高的沉积效率和降低模型制作成本以外，还可以灵活地选择具有特殊性能的支撑材料，以便于后处理过程中支撑材料的去除，如水溶材料、低于模型材料熔点的热熔材料等。

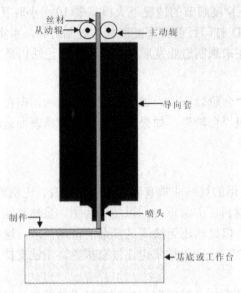

图 6-6　FDM 工艺原理图

2. 熔融沉积成型设备

目前，国外主要的熔融沉积成型设备较为知名的品牌主要有 MakerBot、3D Systems 等，国内的熔融沉积成型设备品牌较多，较为知名的有太尔时代、闪铸科技、弘瑞等品牌。

1) MakerBot 系列 3D 打印机

作为桌面 3D 打印机的标杆，MakerBot 3D 打印机从质量到参数上，其领袖地位是毋庸置疑的，它引领着个人 3D 打印机的发展，正是个人 3D 打印机的发展吸引了整个社会对 3D 打印技术的关注。MakerBot 的与众不同之处还在于，他们现在还经营着目前全球最热闹的 3D 模型社区 Thingiverse，这是目前全球最活跃的 3D 模型社区，而正是这个社区确立了 MakerBot 当前领先的地位。第五代机型 Z18 可以打印 305 mm × 305 mm × 457 mm 的产品，产品线更加全面。MakerBot 系列 3D 打印机如图 6-7、图 6-8 所示。

图 6-7　MakerBot 3D 打印机(一)

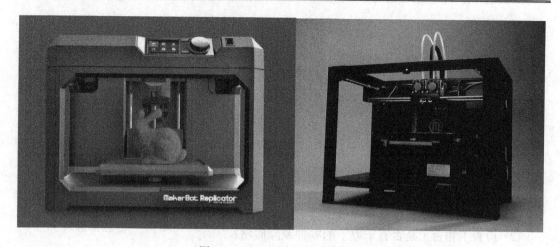

图 6-8　MakerBot 3D 打印机(二)

2) 3D Systems 桌面型打印机

3D Systems 桌面型打印机在对外宣传中一直强调其便携性和灵活性，称其适应于专业人士和业余爱好者。桌面型打印机主要是 Cube 系列。Cube 系列产品体积小巧，便携性比较好，成型工艺为 FDM，可打印 ABS、PLA、尼龙和聚酯(PET)材料。3D Systems 桌面型打印机如图 6-9 所示。

图 6-9　3D Systems 桌面型打印机

3. 熔融沉积成型工艺过程

与其他几种快速成型工艺过程类似，熔融沉积成型的工艺过程也可以分为前处理、成型及后处理三个阶段，如图 6-10 所示。

图 6-10　熔融沉积成型的工艺过程

1) 前处理

确定摆放方位：

(1) 表面质量；

(2) 零件强度；

(3) 支撑材料；

(4) 成型时间。

目的：保证无裂缝、空洞，无悬面、重叠面和交叉面。

2) 成型

设备操作流程：

(1) 打开快速成型机，连接设备。

(2) 检查工作台上是否有未取下的零件或障碍物。

(3) 系统初始化：X、Y、Z 轴归零。

(4) 机器预热：按下温控按钮。

(5) 调试：检查运动系统及吐丝是否正常。

(6) 对高：将喷头调至与工作台间距 0.3 mm 处。

(7) 打印模型：注意开始时观察支撑黏结情况。

(8) 成型结束，取出模型，清理成型室。

3) 后处理

(1) 去除支撑；

(2) 打磨。

4. 熔融沉积成型工艺的特点

1) 优点

(1) 构造原理和操作简单，维护成本低，系统运行安全。

(2) 材料性能佳，ABS 原型强度可以达到注塑零件的 1/3。

(3) 可以成型任意复杂程度的零件。

(4) 原材料利用率高，且材料寿命长，以材料卷的形式提供，易于搬运和快速更换。

(5) 支撑去除简单，无需化学清洗，分离容易。

熔融沉积成型打印产品如图 6-11 所示。

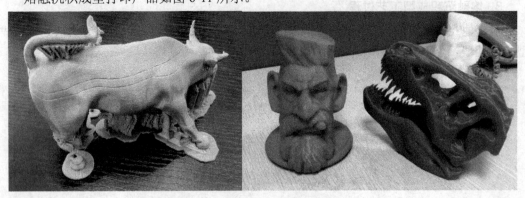

图 6-11　熔融沉积成型打印样品

2) 缺点

(1) 成型精度较低，成型件的表面有较明显的条纹，产品表面台阶效应比较明显，如图 6-12 所示。

(2) 需要设计与制作支撑结构。

(3) 成型速度相对较慢，成型时间较长。

图 6-12　产品表面台阶效应明显

熔融沉积成型工艺的缺点随着技术的发展也在慢慢改善，其中产品表面明显的条纹可以使用 3D 产品专用的表面处理液涂抹光滑，能够做到抛光的效果，如图 6-13 所示。

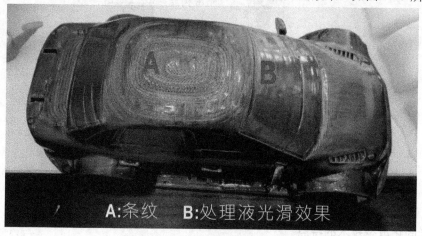

A:条纹　　B:处理液光滑效果

图 6-13　产品表面处理液光滑效果

6.3.2　光固化成型

光固化成型(Stereo Lithograhy Apparatus，SLA)，也常被称为立体光刻成型，已成为目前世界上研究较为成熟、应用较为广泛的一种快速成型工艺方法。它以光敏树脂为原料，通过计算机控制紫外激光使其凝固成型。这种方法能简捷、全自动地制造出表面质量和尺寸精度较高、几何形状较复杂的原型。在当前应用较多的几种快速成型技术中，光固化成型由于具有成型过程自动化程度高、制作原型表面质量好、尺寸精度高以及能够实现比较精细的尺寸成型等特点，得到了广泛的应用。其在概念设计的交流、单件小批量精密铸造、产品模型、快速工模具及直接面向产品的模具等诸多方面的技术较先进，广泛应用于航空、汽车、电器、消费品以及医疗等行业。

1. 光固化成型工艺原理

光固化成型的工艺原理如图 6-14 所示。液槽中盛满液态光敏树脂，氦-镉激光器或氩离子激光器发出的紫外激光束在控制系统的控制下按零件的各分层截面信息在光敏树脂表面进行逐点扫描，使被扫描区域的树脂薄层产生光聚合反应而固化，形成零件的一个薄层。一层固化完毕后，工作台下移一个层厚的距离，以使在原先固化好的树脂表面再敷上一层新的液态树脂，刮板将黏度较大的树脂液面刮平，然后进行下一层的扫描加工，新固化的一层牢固地黏结在前一层上，如此重复直至整个零件制造完毕，得到一个三维实体原型。一句话总结，激光直接打在树脂上，让打到的树脂凝固，打到的地方就成型了，未打到的地方还是液态树脂。

因为树脂材料的高黏性，在每层固化之后，液面很难在短时间内迅速流平，这将会影响实体的精度。采用刮板刮切后，所需数量的树脂便会被十分均匀地涂敷在上一叠层上，这样经过激光固化后可以得到较好的精度，使产品表面更加光滑和平整。

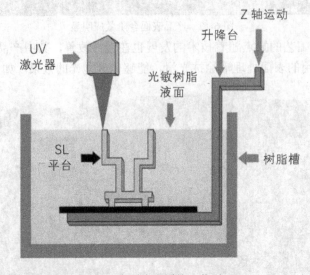

图 6-14　光固化成型的工艺原理

2. 光固化成型技术的特点

1) 优点

成型过程自动化程度高，SLA 系统非常稳定，加工开始后，成型过程可以完全自动化，直至原型制作完成；尺寸精度高，SLA 原型的尺寸精度可以达到 ±0.1 mm；优良的表面质量，虽然在每层固化时侧面及曲面可能出现台阶，但上表面仍可得到玻璃状的效果，打印透明材料效果明显，也可以制作结构十分复杂、尺寸比较精细的模型，可以直接制作面向熔模精密铸造的具有中空结构的消失型，制作的原型可以在一定程度上替代塑料件。光固化打印产品在精度和光滑程度方面明显优于熔融沉积工艺成型的产品，但价格也会相应高出许多，其打印产品如图 6-15～图 6-17 所示。

图 6-15　光固化 3D 打印产品(一)

图 6-16　光固化 3D 打印产品(二)

图 6-17　光固化 3D 打印艺术品(三)

2) 缺点

制件易变形，成型过程中材料发生物理和化学变化后变得较脆，易断裂，性能尚不如常用的工业塑料；设备运转及维护成本较高，液态树脂材料和激光器的价格较高，在民用普及就有一定的限制。目前可用的材料主要为感光性的液态树脂材料。液态树脂有气味和毒性，并且需要避光保护，以防止提前发生聚合反应，选择使用该材料时有局限性，需要二次固化，经快速成型系统光固化后的原型树脂并未完全被激光固化。

3. 光固化成型设备

目前，研究光固化成型(SLA)设备的有美国的 3D Systems 公司、Aaroflex 公司，德国的 EOS 公司、F&S 公司，法国的 Laser 3D 公司，日本的 SONY/D-MEC 公司、Teijin Seiki 公司、Denken Engieering 公司、Meiko 公司、Unipid 公司、CMET 公司，以色列的 Cubital 公司以及国内的西安交通大学、上海联泰科技有限公司、华中科技大学等。

在桌面型的光固化 3D 打印设备中，相对 FDM 3D 打印机发展的红火态势，国内市场光固化 3D 打印机处于起步阶段，生产桌面型光固化 3D 打印机的厂家并不多，主要有 Formlabs 推出的光固化高分辨率桌面 3D 打印机 Form 2，如图 6-18 所示；西通推出的桌面型光固化 3D 打印机系列，如图 6-19 所示；M-One 桌面型光固化 3D 打印机 MAKEX，如图 6-20 所示。

图 6-18　Formlabs 公司 Form 2　　　　　　图 6-19　西通桌面型光固化 3D 打印机

国产桌面型光固化 3D 打印机 MAKEX，可打印尺寸为 145 mm × 110 mm × 170 mm，非常适于设计、制作首饰之类的小物件。

图 6-20　M-One 桌面型光固化 3D 打印机 MAKEX

6.3.3　选择性激光烧结

1. 选择性激光烧结工艺原理

选择性激光烧结(Selective Laser Sintering，SLS)工艺过程是采用铺粉辊将一层粉末材料平铺在已成型零件的上表面，并加热至恰好低于该粉末烧结点的某一温度，控制系统控制激光束按照该层的截面轮廓在粉层上扫描，使粉末的温度升至熔化点，进行烧结并与下面已成型的部分实现黏结。激光直接打在粉末上，让粉末瞬间熔化、瞬间凝固。烧到的地方就成型了，未烧到的地方还是粉末。成型材料和成型件的物理性能很好，持久耐用。当一层截面烧结完后，工作台下降一个层的厚度，铺料辊又在上面铺上一层均匀密实的粉末，进行新一层截面的烧结，如此反复，直至完成整个模型，其工艺原理如图 6-21 所示。在成型过程中，未经烧结的粉末对模型的空腔和悬臂部分起着支撑作用，不必像 SLA 和 FDM 工艺那样另行生成支撑工艺结构。

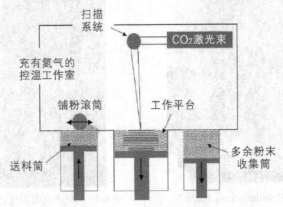

图 6-21　选择性激光烧结工艺原理

当实体构建完成，且原型部分充分冷却后，粉末块会上升到初始的位置，将其拿出并放置到后处理工作台上，用刷子小心刷去表面粉末露出加工件部分，其余残留的粉末可用压缩空气除去。

2. 选择性激光烧结工艺的特点

(1) 可采用多种材料。

(2) 制造工艺比较简单。

(3) 高精度。一般能够达到工件整体范围内 ±(0.05～2.5) mm 的公差。当粉末粒径为 0.1 mm 以下时，成型后的原型精度可达 ±0.1 mm。

(4) 材料利用率高，价格便宜，成本低。

(5) 无需支撑结构。

选择性激光烧结工艺打印的产品如图 6-22 所示。

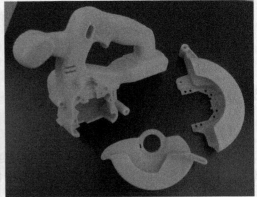

图 6-22　选择性激光烧结工艺产品

6.3.4　叠层成型

叠层成型(Laminated Object Manufacturing，LOM)技术是较为成熟的快速成型制造技术之一。由于叠层实体制造技术多使用纸材，成本低廉，制件精度高，而且制造出来的木质原型具有外在的美感和一些特殊的品质，因此受到了较为广泛的关注，在产品概念设计可视化、造型设计评估、装配检验、熔模铸造型芯、砂型铸造木模、快速制模母模以及直接制模等方面得到了迅速应用。

1. 叠层成型工艺原理

该类型 3D 打印机由计算机、材料存储及送进机构、热黏压机构、激光切割系统、可升降工作台、数控系统和机架等组成。首先在工作台上制作基底，工作台下降，送纸滚筒送进一个步距的纸材，工作台回升，热黏压滚筒滚压背面涂有热熔胶的纸材，将当前迭层与原来制作好的迭层或基底黏在一起，切片软件根据模型当前层面的轮廓控制激光器进行层面切割，逐层制作，当全部迭层制作完毕后，再将多余废料去除，故又称为分层实体制造。成形材料是涂敷有热敏胶的纤维纸/PVC 薄膜。叠层成型工艺原理如图 6-23 所示。

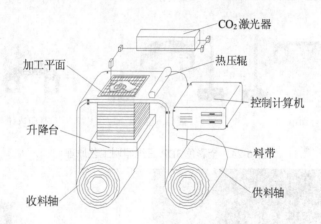

图 6-23　叠层成型工艺原理

2. 叠层成型工艺的特点

1) 优点

(1) 成型速度较快，由于只需要使激光束沿着物体的轮廓进行切割，无需扫描整个断面，所以成型速度很快，因而常用于加工内部结构简单的大型零件。

(2) 无需设计和构建支撑结构。

(3) 工艺过程中不存在材料相变，因此不易引起翘曲变形。

2) 缺点

(1) 难以构建形状精细、多曲面的零件，仅限于构建结构简单的零件。

(2) 废料去除困难。

(3) 由于材料质地原因，加工的原型件抗拉性能和弹性不高。

(4) 易吸湿膨胀，需进行表面防潮处理。

6.3.5　全彩色 3DP 三维印刷

1. 全彩色 3DP 三维印刷工艺原理

在打印平台上先铺一薄层粉末材料，将不同色彩的粉末喷洒在平台上，然后利用喷嘴选择性地在粉层表面喷射黏结剂，将粉末材料黏结在一起形成实体层，逐层黏结，最终形成三维零件，全彩色 3DP 三维印刷工艺原理如图 6-24 所示，印刷产品如图 6-25、图 6-26 所示。

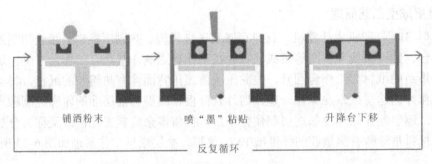

　　　　铺洒粉末　　　　　　　　喷"墨"粘贴　　　　　　　升降台下移

└──────────────── 反复循环 ────────────────┘

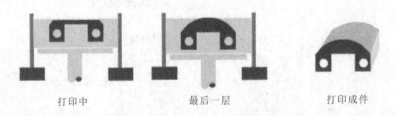

　　　　打印中　　　　　　　　　最后一层　　　　　　　　打印成件

图 6-24　全彩色 3DP 三维印刷工艺原理

图 6-25　全彩色 3DP 三维印刷产品(一)

图 6-26　全彩色 3DP 三维印刷产品(二)

2. 全彩色 3DP 三维印刷的特点

1) 优点

(1) 速度快。

(2) 适合制造复杂形状的零件。

(3) 可用于制造复合材料或非均匀材料的零件。

(4) 适合制造小批量零件。

(5) 可打印丰富的彩色模型。

2) 缺点

(1) 成型件的强度较低，只能做概念型使用，而不能做功能性试验。

(2) 零件易变形甚至出现裂纹。

6.3.6　常见快速成型工艺方法的比较

1. 常规指标对比

常见快速成型工艺方法的常规指标包括成型速度、精度、制造成本、复杂程度、常用材料等，其对比如表 6-1 所示。

表 6-1　常规指标对比

指标	SLA	LOM	SLS	FDM
成型速度	较快	快	较慢	较慢
原型精度	高	较高	较低	较低
制造成本	较高	低	较低	较低
复杂程度	复杂	简单	复杂	中等
零件大小	中小件	中大件	中小件	中小件
常用材料	热固性光敏树脂等	纸、金属箔、塑料薄膜等	石蜡、塑料、金属、陶瓷等粉末	石蜡、尼龙、ABS、低熔点金属等

2. 加工方式对比

常见快速成型工艺的加工方式对比如表 6-2 所示。

表 6-2　加工方式对比

序号	加工方式	主要加工对象	加工方式简介
01	选择性激光烧结成型	热塑性塑料、金属粉末、陶瓷粉末	利用激光照射材料，使材料熔融后烧结成型
02	熔融沉积成型	热塑性塑料、金属、蜡、可食用材料	将热熔性材料加热熔化，通过喷头挤出，而后固化成型
03	层叠成型	纸、金属膜、塑料薄膜	将一层层被加工材料相互黏合，然后切割成型
04	全彩色 3DP 三维印刷	陶瓷粉末、金属粉末、塑料粉末、石膏粉末	铺设粉末，然后喷射黏合剂，让材料粉末黏结成型
05	光固化成型	光敏树脂	通过紫外光或者其他光源照射凝固成型，逐层固化

6.4　3D 打印平台机型选购

从众多品牌和型号中选择合适的 3D 打印机，是件费心的事情。数字数据转变成实物的打印技术，在各台打印机之间存在着巨大的差异。今天的 3D 打印机可以使用各种材料，这些材料在强度、表面光洁度、耐环境性、准确性和精密度、使用寿命、热性能等方面各不相同。重要的是，要先确定 3D 打印的主要应用，以便选择合适的技术，为工作带来最有效的积极影响。多种 3D 打印技术的组合可以提供更大的灵活性，扩展应用范围。如果预算有限，选择两台相对廉价的 3D 打印机甚至可以比一台昂贵的 3D 打印机创造更多的价值，提供更广的应用范围，打印更多的东西。

6.4.1　打印速度

用户比较关心的打印速度，是指打印一个具体部件所需的时间。通常打印单个简单的几何部件速度比较快，用时较少，但遇到额外的部件被添加到打印作业中，或者正在打印的几何形状复杂性和(或)尺寸增加时，就会出现减速，由此使得构建速度变慢。打印速度与 Z 轴方向打印一段有限距离所需的时间有关，与打印喷头在工作平面移动速度、出丝速度有关，相对而言，打印速度越快，打印精度也会相应下降。用户在选择 3D 打印机时，考虑打印速度的同时也要兼顾打印精度。

6.4.2　打印成本

部件成本通常表示为每单位体积的成本，如每立方英寸的成本或每立方厘米的成本。各种 3D 打印机材料的使用率有显著的差异，因此了解真实的材料消耗是准确比较打印成本的另一个关键因素。用户在选择 3D 打印机时应考虑设备是否可以使用多种材料、支撑材料是否替代，以及是否可以使用国产普通材料，另外也要考虑设备的日常维护费用，如打印喷头是否容易疏通，功耗大小等也是影响 3D 打印产品成本的因素。

支撑材料是影响成本的另一个重要因素。一些塑料件 3D 打印工艺会损耗大量的支撑材料，因此往往采用不同性能的模型材料和支撑材料，支撑材料相对价格更低一些。较为方便的支撑去除方法是融化蜡质的支撑，在特殊的后处理烤炉的帮助下，蜡质支撑可以快速融化并被轻易去除，深藏在成型件内部凹陷处的支撑也可以去除，而不会对成型件的细节与复杂结构产生损害；去除蜡质支撑不需要化学品，融化出来的支撑材料可以视作普通垃圾。

在产品模型应用领域，打印成本和模型外观可能比模型的物理特性更加重要。因为手板模型多用于视觉沟通，短时间内就废弃无用了。功能测试模型追求与最终产品相似的效果，包括材料的功能特性也要相近。而用于小批量试制或者数字制造的 3D 打印材料，可能需要可铸的材料或在实际使用中高耐热性的材料，能够实际使用的成型件通常可以保持长期的稳定性能。

6.4.3　3D 打印质量

3D 打印机的打印质量是决定 3D 打印机实用性的一个关键因素。影响 3D 打印质量的因素有很多，基本上 3D 打印的过程都有影响质量的因素，如 3D 扫描、3D 建模、3D 打印。3D 扫描、3D 建模、3D 打印又包括很多较小的因素。3D 打印中影响打印质量的有 3D 打印机固件、打印参数设置、打印材质、机器本身稳定性等。

3D 打印机本身的质量以及随机的桌面操作软件都会对 3D 打印机的打印质量产生一定的影响，这些厂商生产 3D 打印设备的质量成为决定 3D 打印机实用性的一大因素。一般品牌 3D 打印机的打印速度和出丝速度较为均匀，稳定性较好。此外，3D 打印材料的质量也是影响打印质量的因素之一，在网络平台，3D 打印材料质量参差不齐，建议购买品牌口碑较好的材料。

另外，影响 3D 打印质量的还有后期处理的因素。经过 3D 打印过程之后，模型一般都会经过支撑去除、细部修整、抛光等。然而有些打印质量问题会在后期处理过程中得以展现，如支撑和打印平台黏结过于牢固难以取下，支撑和首层黏结牢固难以去除支撑，部分走丝较为严重等。这些都和 3D 打印机的打印质量相关。一般情况下，质量过关的 3D 设备打印的产品精度高。产品在后期处理较为容易，而且台阶效应不明显，大大节省了产品后期处理的时间，节省时间成本。这是购买打印机要考虑的重要因素。

整体而言，选择一台合适的桌面型 3D 打印设备，从打印一个典型的曲面产品所耗时间、所耗材料数量、产品表面光滑程度、台阶效应程度、强度、手感、视觉效应、支撑剥离难易程度，以及 3D 打印产品投入使用的领域等方面进行综合考虑选择，这与购买一台合适的个人电脑很类似。

第 7 章　3D 打印工艺基础

【教学目标】

本章主要讲解有关 3D 打印工艺的基础知识，包括 3D 打印的材料特性、3D 模型工艺要求、3D 打印前期处理流程、模型表面处理、Makerbot 硬件与软件使用、Cura 3D 切片软件使用等内容，掌握 3D 打印模型的要求。

【教学内容】

(1) 3D 打印的材料特性；

(2) 3D 模型工艺要求；

(3) 3D 打印前期处理流程与表面处理；

(4) 3D 打印切片软件基础操作。

【教学重点难点】

重点：3D 模型工艺要求、Cura 切片参数设置。

难点：Makerbot Desktop 3D 打印管理软件的使用说明。

7.1　3D 打印材料的特性

3D 打印对材料性能的一般要求是：有利于快速、精确地加工原型零件；快速成型制件应当接近最终要求，应尽量满足对强度、刚度、耐潮湿性、热稳定性等的要求，并且要有利于后续工艺处理。

本章主要介绍桌面型 3D 打印材料的特点。桌面型 3D 打印材料主要有 ABS、PLA、光敏树脂等，其中，ABS、PLA 是线材，适用于熔融沉积成型(FDM)工艺类型 3D 打印机，光敏树脂是液态材料，适用于光固化成型(SLA)工艺类型 3D 打印机。

7.1.1　ABS 材料特性

1. 成型温度

ABS 材料的打印温度为 210℃～240℃，打印平台的温度为 80℃以上。ABS 开始软化的温度为 105℃。

2. 打印性能

材料的性质方面，ABS 塑料一般为不透明，通用性强，较容易打印，适合所有打印设备，ABS 3D 打印材料如图 7-1 所示。ABS 材料具有遇冷收缩的特性，打印时需要加热板，另外，ABS 打印过程中散发少许刺鼻气味，建议使用密闭式的打印机，也可以避免室内温度变化过大，使材料冷却变化，导致收缩。

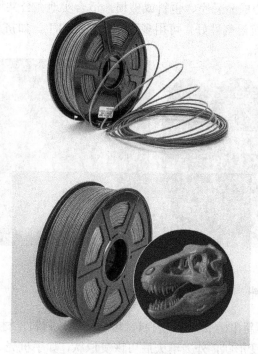

图 7-1 ABS 材料

在强度方面，只要以适当的温度打印，牢牢粘住层层材料，其强度就会变得相当高。对于日常用品的强度还是可以承受的，可以应用于小型产品外壳和内部结构上，应用范围广。

ABS 材料的缺点是必须要有加热平台。另外，房间通风不良时也不宜使用 ABS，加热的气味会让人不舒服。

7.1.2 普通 PLA 材料

PLA 材料，通常指聚乳酸，为生物分解性塑料，是由玉米和木薯等植物制成的：植物经过多道工序提炼出淀粉，经微生物发酵成乳酸，再聚合成聚乳酸。与传统塑料废弃后对环境造成的破坏不同的是，废弃的 PLA 产品可以"埋"起来，通过大自然微生物自然降解为水和二氧化碳，而这个过程只要 6～12 个月，是真正对环境友好的材料。这种原材料为可再生的生物资源，被业界一致认定为新世纪最有发展前景的新型"生态材料"。PLA 材料性能虽然很强大，但耐热和耐水解能力较差，这也对 PLA 产品的使用产生了诸多限制。

1. 成型温度

PLA 材料的打印温度为 180℃～200℃。尽管加热板非必备品，但还是建议在 60℃时使用这项配备。

PLA 的玻璃转化温度也是这种材料最大的缺点，仅有 60℃左右，因此用途有限。

2. 打印性能

PLA 材料是由聚乳酸制成的，产品除能生物降解外，生物相容性、光泽度、透明性、手感和耐热性好。PLA 材料收缩性较小，黏合性较好，适合开放式的打印机，也能打印体积较大的物体，不必担心成品悬空、歪斜或破损，适合实地在公共场所做 3D 打印操作演示。PLA 的热稳定性和抗溶剂性好，可用多种方式进行加工，如挤压、纺丝、双轴拉伸、注射吹塑，如图 7-2 所示。

图 7-2　普通 PLA 材料

7.1.3　柔性 PLA 材料

　　柔性 PLA 是近两年新出的 3D 打印材料，可打印柔软材料，材料具有一定的回弹性，在一定外力作用下可改变形状，外力消失后可恢复原状，如手机壳、日用品、穿戴产品等，产品更加人性化。成型温度为 190℃～230℃，与常规 PLA 材料打印设置参数接近，如图 7-3 所示。

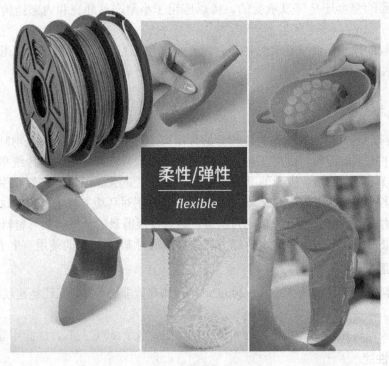

图 7-3　柔性 PLA 材料

7.1.4 碳纤维 PLA 材料

碳纤维是一种含碳量在 95%以上的高强度、高模量纤维的新型纤维材料。它是由片状石墨微晶等有机纤维沿纤维轴向方向堆砌而成，经碳化及石墨化处理而得到的微晶石墨材料。碳纤维"外柔内刚"，质量比金属铝轻，但强度却高于钢铁，并且具有耐腐蚀、高模量的特性，在国防军工和民用方面都是重要材料。

碳纤维 PLA 打印耗材是通过特制配方在 PLA 中添加碳纤维制成的，碳纤维具有"轻、强"的优点。碳纤维的轴向强度和模量高，密度低、性能高，无蠕变，非氧化环境下耐超高温，耐疲劳性好。目前，碳纤维 PLA 材料已经开发出来，并逐步应用到桌面型 3D 打印机，在电商平台已有销售，价格比普通 PLA 略贵些，线径有 1.75 mm 和 3 mm 两种，打印温度为 200℃～220℃，色彩主要以磨砂黑为主。材料特点：硬度大，收缩率小，如图 7-4所示。

图 7-4　碳纤维 PLA 材料

碳纤维 PLA 比较适合打印强度大、质轻的产品，如无人机零部件、机械零部件等产品，如图 7-5 所示，应用前景非常广阔。

碳纤维 PLA 材料的不足之处：不能打印填充率低的模型，也不能打印太薄的东西，因为强度大，几乎没有收缩性，稍微用力就会在受力点破裂，填充率建议设置为 50%～100%。

图 7-5　碳纤维 PLA 打印的产品

7.1.5 木塑 PLA 材料

木塑 PLA 材料是在 PLA 中添加原生木粉而制作成的一种新型复合材料，有抗腐蚀、耐潮湿、耐酸碱、不发霉的特点，打印的产品接近实木效果，打印温度为 180℃～210℃。木塑 PLA 材料可用于打印仿木纹小产品，如笔筒、工艺品等，增加了产品的趣味性和个性，拓展了 3D 打印产品的应用范围，3D 打印的木塑笔筒如图 7-6 所示，打印的木塑工艺品如图 7-7 所示。

图 7-6　木塑 PLA 材料与产品

图 7-7　木塑 PLA 打印的工艺品

7.1.6　光敏树脂材料

3D 打印用光敏树脂由聚合物单体与预聚体组成，其中加有光(紫外线)引发剂或光敏剂，在一定波长的紫外光照射下立刻引起聚合反应，完成固化。光敏树脂一般为液态，是用于制作高强度、耐高温、防水产品的材料。国产光敏树脂价格为 600～800 元/kg，Formlabs Form2 原装树脂材料价格一般在 1800～2000 元/瓶。建议储存在阴凉避光地方，打开后请盖好瓶盖，未用完的树脂不能倒回原包装瓶，如图 7-8 所示。

图 7-8　光敏树脂材料及产品

7.1.7　ABS 材料与 PLA 材料特点对比

国内较为知名的 ABS 与 PLA 线材品牌主要有天威、西通、绘威、兰博、天色、炫彩等，一般有多种颜色供选择，常见的材料色彩系列能满足个性化打印需要，如图 7-9 所示。一卷线材重量为 1 kg/盘，线材直径有 1.75 mm 和 3 mm 两种规格，可以根据需要购买不同色彩。品牌耗材质量相对较好、稳定性较佳、可塑性较好、材料光泽度较好、不易堵喷头、不易翘边。

图 7-9　色彩丰富的 3D 打印材料

1. 在耐热、强度方面

ABS 比 PLA 更有优势，ABS 材料因为其独特的冲击强度、耐磨性、抗化学药品等特性，适合制作刀柄、车用手机架、手机保护壳、玩具模型等。

2. 在环保性、公众展示方面

PLA 比 ABS 更有优势，PLA 材料的相容性与可降解性良好，可以广泛地用于制造各种应用产品，拥有良好的光泽性和透明度，同时具有良好的抗拉强度及延展度，可以在没有加热床情况下打印大型零件模型且边角不会翘起。

3. 在后期处理方面

ABS 打印的模型可以很容易进行打磨及抛光处理，而 PLA 材料的 3D 模型较硬、不耐热，如果打磨会越磨越粗糙。

ABS 材料与 PLA 材料的优、缺点对比，以及打印参数见表 7-1。

大家要根据需求选择材料。不同的材料由于熔点不同，对于不能调节温度的喷嘴，是不能通配的，这也是为什么最好在原厂商购买打印材料的原因。

表 7-1　ABS 与 PLA 材料对比

材料	优　点	缺　点	打印参数
PLA	(1) 生物降解材料，环保。 (2) 打印产品光泽度高。 (3) 流动性好，打印不易裂开。 (4) 打印大面积产品不易起翘。 (5) 打印过程无异味散发	(1) 不易去除支撑。 (2) 抗冲击性能相对较低	喷头温度：190℃～210℃； 平台温度：可不加热； 平台处理：大面积产品需要3M 胶水，小面积产品无需处理
ABS	(1) 具有优良的力学性能，其冲击强度极好。 (2) 极容易去除支撑	(1) 打印大面积产品相对容易起翘。 (2) 平台需要升温到60℃～110℃。 (3) 打印时塑料气味较浓	喷头温度：220℃～240℃； 平台温度：60℃～110℃； 平台处理：3M 胶水/胶水

7.1.8　3D 打印材料选购需考虑的因素

3D 打印材料具有不同的属性，需根据不同的应用领域选择合适的材料。首先了解不同领域需求产品的特点，打印产品类型主要有概念型、测试型、模具型、功能设备零部件这四种，对成型材料的要求也不同。

(1) 概念型对材料成型精度和物理化学特性要求不高，主要要求成型速度快。如对光敏树脂，要求较低的临界曝光功率、较大的穿透深度和较低的黏度。

(2) 测试型对于成型后的强度、刚度、耐温性、抗蚀性能等有一定要求，以满足测试要求。如果用于装配测试，则要求成型件有一定的精度。

(3) 模具型要求材料适应具体模具制造要求，如强度、硬度。

(4) 功能设备零部件则要求材料具有较好的力学和化学性能。

另外，还有部分特殊要求，例如对导电性有要求，则需要金属材料，或者若逆向制作一个精美的首饰，则建议使用石蜡。

7.2　3D 模型工艺要求

7.2.1　STL 格式

STL 用三角网格来表现 3D CAD 模型，是 3D 产品模型通用格式，每个 3D 软件都可以导出 STL 格式。

使用 Rhino 软件进行 3D 打印前期准备时，建议先将多重曲面转化为网格格式，确保网格(三角面)质量，然后选择网格模型导出为 STL 格式。

1. 将多重曲面转化为网格格式

在 Rhino 软件中选择"网格"命令，弹出"网格高级选项"窗口，设置参数如图 7-10、图 7-11 所示，网格模型特点图 7-12 所示。

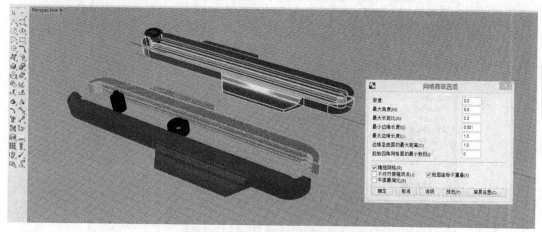

图 7-10　将多重曲面转化为网格格式

图 7-11　"网格高级选项"窗口

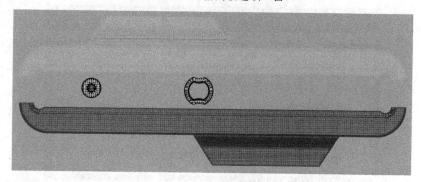

图 7-12　网格模型特点

2. 导出 STL 格式

选择要导出的网格模型，然后选择"文件"中的"导出选取的物体"，弹出"导出"窗口，保存类型选择"STL"格式，"导出"窗口如图 7-13 所示，"STL 网格导出选项"对话框如图 7-14 所示，"STL 导出选项"对话框如图 7-15 所示。

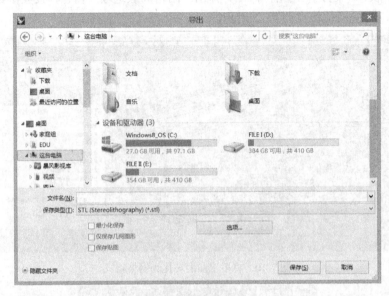

图 7-13　"导出"窗口

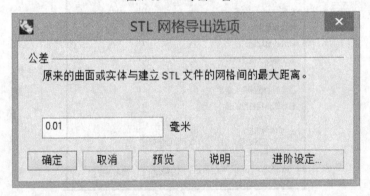

图 7-14　"STL 网格导出选项"对话框

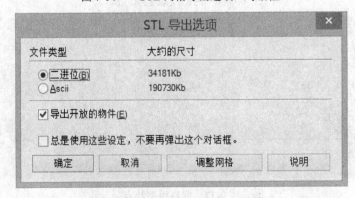

图 7-15　"STL 导出选项"对话框

7.2.2　水密性

水密性通俗地说是"不漏水的"。有时要检查模型是否存在这样的问题有些困难。如果不能发现此问题，可以借助一些软件，如尝试使用 Netfabb、Magics 软件，它将会标记出存在此问题的区域，并进行修复。图 7-16(a)模型是封闭的，图 7-16(b)模型不封闭，可以看到红色的边界。

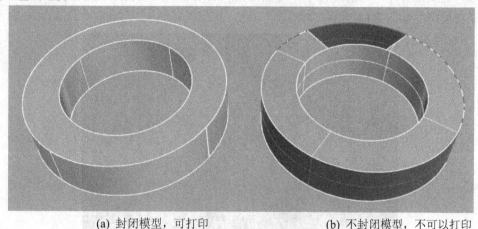

(a) 封闭模型，可打印　　　　　　　　　　(b) 不封闭模型，不可以打印

图 7-16　模型水密性要求

7.2.3　模型厚度

工程类软件以实体的方式建模，如 Pro/E、SolidWorks、UG 等软件，模型都是有厚度的，都可以实现打印。但也有很多设计软件，模型是以面片的方式建模的，如 Rhino、3DMAX、Maya 等软件，模型由面片组成，而面片没有厚度，因而是不能打印的，如图 7-17 所示。所以在模型导出之前，必须检查模型是否有厚度，一般情况下，产品的边缘厚度或壁厚一般在 2 mm 以上，比较容易实现打印效果。

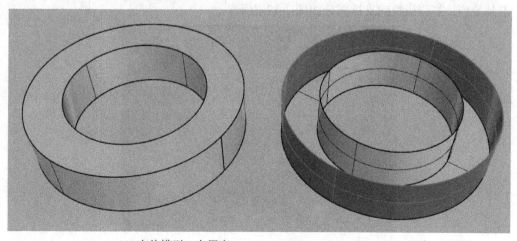

(a) 实体模型，有厚度　　　　　　　　　　(b) 面片，零厚度

图 7-17　模型厚度要求

7.2.4　填充密度

　　模型的填充密度决定打印时间和模型强度，模型内部以蜂窝网格填充打印，不会影响外部结构。模型填充结构通常是一种骨骼或细胞结构，这些结构能为产品提供必要的支撑，填充密度为 100%，意味着打印的产品为实心塑料。填充密度越大，模型越牢固，则打印时间越长。在实际打印产品的过程中，可以根据产品用途和类型选择填充密度的多少，不同的填充密度产品如图 7-18 所示。

图 7-18　不同的填充密度产品

7.2.5　辅助支撑

　　根据模型设置，在某些模型悬空处就会用到支撑，否则打印过程中，悬空部分会因为没有落脚点而掉下来导致打印失败。在切片软件中的"支撑"选项中勾选生成支撑就可以了，打印过程中系统自动生成支撑。当然也可以自己在建模过程中设置支撑结构，选择较大的面作为物体的底部，这样就可以节约很多支撑材料。支撑材料需要用刀等专业工具处理，打印模型的支撑部分如图 7-19 所示。

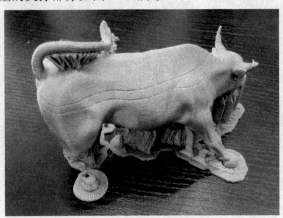

图 7-19　打印模型的支撑部分

　　注意事项：材料外部造型有 45° 角以上的打印，必须用到支撑材料。45° 角是临界值，一般设置为 60°。任何超过 45°的突出物都需要额外的支撑材料，尽量避免使用支撑结构，支撑材料在去除后仍会在模型上留下印记，而且去除的过程也会非常耗时。尽量在没有支撑材料的帮助下打印模型。实在避免不了要增加支撑结构，尽量避免使用系统自动生成的支撑结构，这比较难剥离，可以自己在 3D 建模软件中自行绘制小圆柱或小方块作为支撑结构，方便后期处理。如图 7-20 所示是系统自动加入的支撑结构，不方便剥离；如图 7-21 所示是在产品上自主加入的小方块支撑结构，根据结构位置加入，容易剥离。

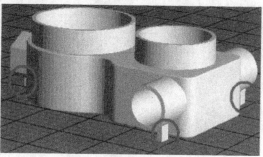

图 7-20 产品主体加入了内置支撑结构　　图 7-21 在主体上自行加入小方块支撑结构

7.2.6 打印底座支撑设置

无论模型的大小，建议选择增加底座支撑，它的主要作用是为了更好的将模型吸附在平台上，在切片软件 Cura 中可以选择自动生成支撑。打印模型的底座支撑部分如图 7-22 所示。

图 7-22 打印模型的底座支撑部分

7.3 3D 打印前期处理流程

3D 打印前期处理过程主要是对原型 CAD 模型进行数据转换、摆放方位确定，施加支撑和切片分层，实际上就是为原型的制作准备数据，3D 打印前期处理流程如图 7-23 所示。

下面以 Rhino 软件说明产品 3D 打印设置流程。

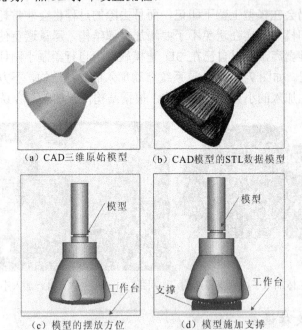

（a）CAD三维原始模型　　　（b）CAD模型的STL数据模型

（c）模型的摆放方位　　　　（d）模型施加支撑

图 7-23　3D 打印前期处理流程

7.3.1　设置尺寸单位

在 Rhino 软件的"Rhino 选项"中，选择"模型单位"，设置为"毫米"。注意：不要设置成厘米，因为导出 STL 格式到 Cura 软件会发生单位变化，容易出错。

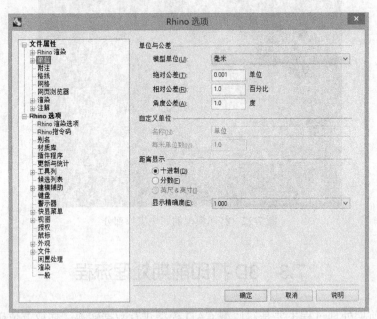

图 7-24　单位设置

7.3.2 产品建模

下面以一款个性化的剪刀沙模玩具为例介绍产品建模，剪刀沙模玩具用于小朋友堆沙模使用，剪刀头可以更换，满足不同的沙模的造型变化。使用 Rhino 软件建模的造型效果如图 7-25、图 7-26 所示。

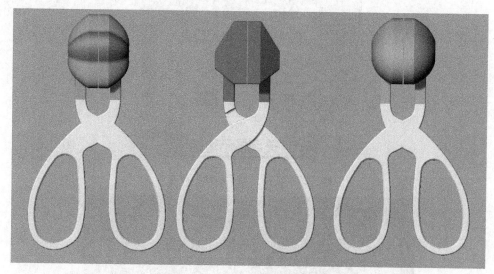

图 7-25 剪刀沙模玩具建模(一)

图 7-26 剪刀沙模玩具建模(二)

如果想要让模型可以通过 3D 打印机打印出来，那么在建模的时候就需要注意，必须使模型是一个实体，这样才能有厚度，也就可以打印出来了。

7.3.3 检查产品模型

在 Rhino 软件中有一个简单的方法可以检测模型是否是实体状态，即通过封闭命令进行检测。

1. 选择要检测的实体部分

打开产品模型，要组合曲面，选中要检测的实体部分，选择"分析"命令中的"显示边缘"命令进行边缘检测，如图 7-27 所示。

图 7-28 所示是其中一个三角形造型产品，紫色外盖有一个缺口。

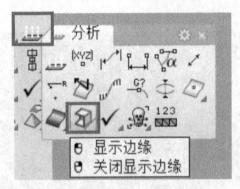

图 7-27　选择"显示边缘"命令

图 7-28　检测模型

2. 检测外露边缘

经过检查，发现这个模型有一部分破面，导致有边缘出现，如图 7-29 所示的两条黄色边缘线部分。现需要将两条黄色边缘线部分进行破面修补，修补好的面如图 7-30 所示(蓝色面)，即完成了封闭，这样就可以进行 3D 打印了。

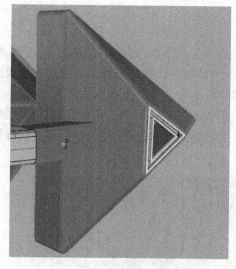

图 7-29 检测破面边缘

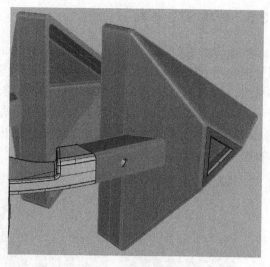

图 7-30 修补曲面

7.3.4 确定物体摆放位置与角度

本产品方案是制作一个剪刀手柄、三个模具剪刀头。在打印之前，先把要打印的产品拆分，将零部件拆开，分开打印，打印完成后再组装，因此摆放方位的处理十分重要，这不但影响着制作时间和效率，更影响着后续支撑的施加以及原型的表面质量等，因此，摆放方位的确定需要综合考虑各种因素。一般情况下，从缩短原型制作时间和提高制作效率来看，应该选择尺寸最小的方向作为叠层方向。但是，有时为了提高原型制作质量以及提高某些关键尺寸和形状的精度，需要将最大的尺寸方向作为叠层方向摆放。有时为了减少支撑量，以节省材料及方便后续处理，也经常采用倾斜摆放。确定摆放方位以及后续的施加支撑和切片处理等都是在分层软件系统上实现的。为了保证轴部外径尺寸以及轴部内孔尺寸的精度，选择横向摆放，同时考虑到尽可能减小支撑的批次，大端朝下摆放。剪刀玩具模型摆放位置如图 7-31 所示。

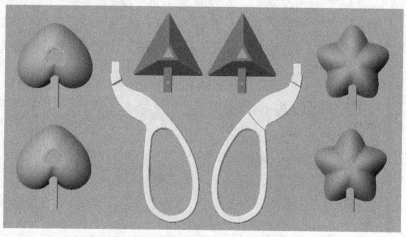

图 7-31 确定产品零部件摆放位置

7.3.5　转换 STL 格式

数据转换是对产品 CAD 模型的近似处理，主要是生成 STL 格式的数据文件。STL 数据处理实际上就是采用若干小三角形片来逼近模型的外表面，先将产品所有零部件转成网格格式，如图 7-32 所示。然后选中所有网格格式的零部件，导出为 STL 格式，如图 7-33所示。STL 格式是所有 3D 切片软件支持的格式，是 3D 打印模型的通用格式。目前，通用的 CAD 三维设计软件系统都有 STL 数据的输出。在网络平台下载的用于 3D 打印的三维模型都是 STL 格式。

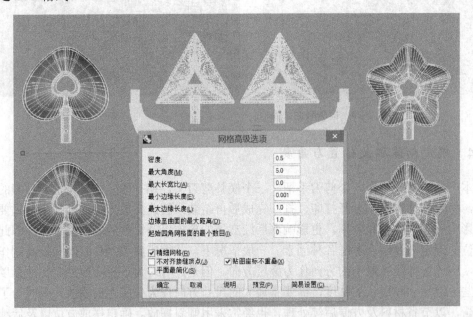

图 7-32　将产品零部件转成网格格式

图 7-33　导出 STL 格式

7.3.6　切片设置

使用 Cura 软件进行分层切片参数设置，包括基本参数和高级参数设置，主要设置打印精度、打印速度、填充密度、温度等内容，产品模型摆放位置如图 7-34 所示、参数设置如图 7-35 所示，打印材料使用 PLA 材料。

图 7-34　Cura 软件中产品模型摆放位置

图 7-35　Cura 软件参数设置

切片软件自动实现增加支撑结构和底座结构。软件自动施加的支撑一般都要经过人工的核查，进行必要的修改和删减。支撑施加的好坏直接影响着原型制作的成功与否及制作的质量，也便于在后续处理中支撑的去除及获得优良的表面质量。

7.4　3D 打印模型表面处理

7.4.1　底座、支撑去除和拼接

由于剪刀玩具产品属于薄壁结构，内部需要一定的支撑，因此打印出来的实物需要将内部支撑材料和底座剥离出来。这就需要能借助小刀、钳子等工具人工去除了，处理的时候要特别小心，以免损坏模型，毛边可以通过打磨抛光进一步处理。处理好的 3D 打印模型如图 7-36、图 7-37 所示。

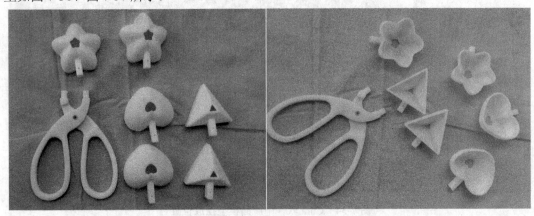

图 7-36　处理好的 3D 打印模型(一)　　　　图 7-37　处理好的 3D 打印模型(二)

7.4.2　表面打磨

桌面型熔融沉积成型技术打印成型的产品表面会有一层层的纹路，我们无论是用肉眼还是用手去触摸，都能明显感觉到一层层的分层痕迹，粗糙感比较明显，作为消费产品而言，需要对表面进行抛光打磨处理。可以用砂纸手工打磨或者使用砂带磨光机这样的专业设备。砂纸打磨是一种廉价且行之有效的方法，是 3D 打印零部件后期抛光最常用的方式。

砂纸是分标号的，标号数字越大，就越细腻，平时感觉很糙的砂纸，是 400 目左右的，而 2000 目的砂纸，就已经能抛光出相当光泽的表面了。砂纸通过不同标号来实现不同的抛光程度，数字越大越细。建议使用粗砂纸和细砂纸结合打磨，开始使用 400 目的粗砂纸打磨粗糙的凸起部分，然后再使用 1600～2000 目的砂纸打磨光滑的细节部分。现在也有电动设备来辅助打磨，这对于表面不复杂的 3D 打印模型来说，抛光的速度很快，一般 15 分钟之内就能完成。这个速度要比使用补土打腻子快得多。

剪刀玩具模型的壁厚大约为 2.0 毫米，使用砂纸打磨模型本身外围会打磨掉一层，厚度损失有 0.1～0.2 毫米，对于普通产品来说，这是可以接受的。如果零件有精度和耐用性的最低要求的话，不能过度打磨，要提前计算好要打磨去除多少材料，否则过度打磨会使得零部件变形报废。

7.4.3　上色

剪刀玩具模型主要用一种颜色打印，色彩单一，需要后期上色，主要是用自动喷漆进行上色，增加产品层次感。产品上色效果如图 7-38、图 7-39 所示。

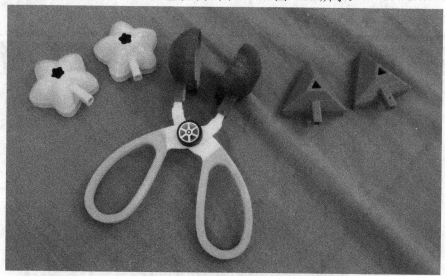

图 7-38　产品上色效果(一)

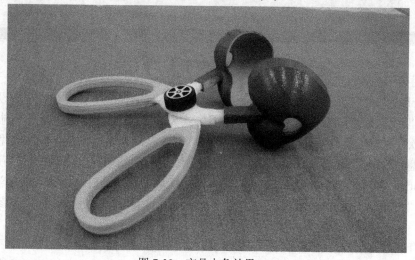

图 7-39　产品上色效果(二)

7.5　MakerBot 硬件与软件使用

7.5.1　MakerBot Desktop 3D 打印管理软件使用说明

MakerBot Desktop 是 MakerBot 3D 打印机配套的 3D 打印机管理软件，主要是将 3D 模型导入软件进行分层切片和打印参数设置，如打印精度、打印速度、填充密度、添加支撑结构等参数设置，为方便和顺利打印模型，我们需要熟悉 MakerBot Desktop 软件的操作。

分层切片：三维打印的设计过程是通过计算机建模软件建模，再将建成的三维模型"分区"成逐层的截面，即切片，从而指导打印机逐层打印。

1. MakerBot Desktop 窗口菜单说明

MakerBot Desktop 窗口分横向主菜单、纵向工具栏，如图 7-40 所示。

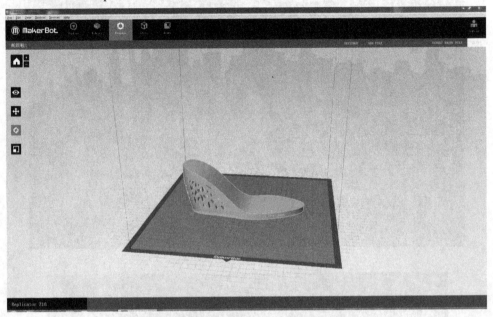

图 7-40　MakerBot Desktop 窗口界面

横向主菜单主要包括"Explore""Libraly""Prepare""Store""Learn"五个菜单。点击"Explore"菜单可进入 Thingiverse 社区，这是 MakerBot 旗下最受欢迎的设计分享网站，在这里可以免费下载 3D 模型，所有模型格式为 STL 格式，可以直接导入到 MakerBot Desktop 软件进行参数设置；点击"Libraly"菜单进入存储列表，包括下载的模型、购买的模型等信息；点击"Store"菜单进入 MakerBot 网上商店，可根据自身需要购买高质量模型；点击"Learn"菜单，可进行 MakerBot 软件和机器视频学习，可更加快捷方便地学习 3D 打印知识；"Prepare"菜单是 MakerBot Desktop 最常用的菜单，是进行各种打印参数设置的窗口。

纵向工具栏包括缩放查看模型、更改视图角度、移动、旋转、缩放比例等工具。操作方法：在操作窗口中选中模型，然后点击相应的工具就可以实现，当然也可以输入具体的数值来精确调整。

2. MakerBot Desktop 导出打印文件的步骤

"Prepare"菜单下有 4 个选项，分别是"SETTINGS"(设置打印参数)、"ADD FILE"(增加模型)、"UPLOAD TO LIBRARY"(上传模型到存储列表)、"EXPORT PRINT FILE"(导出打印文件)，如图 7-41 所示。在一般的模型文件导出流程中，其中"ADD FILE"和"UPLOAD TO LIBRARY"两个环节可以跳过。

7.1　MakerBot Z18 介绍

SETTINGS　　ADD FILE　　UPLOAD TO LIBRARY　　EXPORT PRINT FILE　　PRINT

图 7-41　"Prepare"菜单

1) 设置打印参数(SETTINGS)

"SETTINGS"选项主要设置打印精度、打印速度、填充密度、添加支撑结构等参数，如图 7-42 所示。

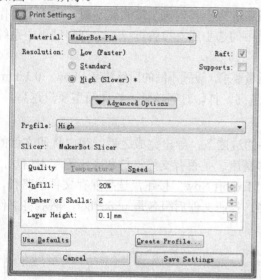

图 7-42　"SETTINGS"选项

(1) 打印质量模式(Resolution)。打印质量有三个选项：Low、Standard、High，质量越高，打印模型越细腻。如果模型较大，在初期试打印的时候，应选 Low 为好，省时省材料，正式打印的时候根据需要选择 Standard 或 High。

(2) 模型内部填充密度设置(Infill)。模型的填充密度决定打印时间和模型强度，Makerbot 打印机模型内部填充以蜂窝网格填充打印，如图 7-43 所示，不会影响外部结构，一般设置为 20%。

图 7-43　内部填充结构

(3) 打印速度与空移速度设置(Speed)。这里的打印速度是喷头在出丝打印时每秒移动多少毫米，速度越慢，打印精度越高，一般设置为 90 mm/s。空移速度是喷头不出丝而移动至打印起始点，此时速度可以比实际打印速度高些，为了节省打印时间，空移速度一般为 150 mm/s，根据机器的马达功率适量设置。

(4) 打印辅助支撑设置(Supports)。根据模型设置，在某些模型悬空处就会用到支撑了，否则打印过程中，悬空部分会因没有落脚点而掉下来导致打印失败。在选项中勾选生成支撑就可以了，打印过程中系统自动生成支撑，非常方便，当然也可以自己在建模时设置支撑结构。注意事项：材料外部造型有 45°角以上的打印，必须用到支撑结构。支撑材料需要用刀等专业工具处理。

(5) 打印底座支撑设置(Raft)。建议无论模型的大小都勾选生成底座支撑，它的主要作用是为了更好地将模型吸附在平台上。在选项中勾选生成支撑就可以了，打印过程中系统自动生成支撑，非常方便。

(6) 出丝精度设置(Profile)。根据不同打印质量要求，设置不同的出丝精度。Low：0.3 mm，Standard：0.2 mm，High：0.1 mm。出丝精度越高，打印时间越长，打印模型质量越高。

2) 导出打印文件(EXPORT PRINT FILE)

点击"Export"选项，弹出显示导出文件的进度条，导出完成之后，弹出打印文件的参数属性窗口，包括打印时间、耗材量、打印精度、是否有支撑材料和底座等基本信息，方便下一步操作，如图 7-44 所示。然后点击"Export Now"按钮，选择保存文件的路径，保存打印文件，打印文件要用英文或数字命名，打印文件后缀名是 makerbot，然后将文件拷贝到 U 盘中。

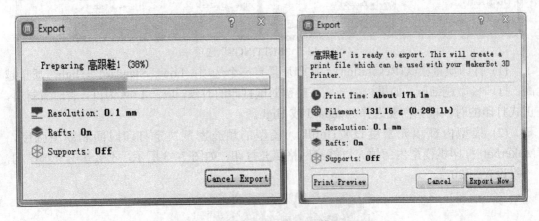

图 7-44　导出打印文件

7.5.2　Makerbot 3D 打印机操作说明

这里以 MakerBot Replicator Z18 3D 打印机为例来介绍。

Makerbot Replicator Z18 3D 打印机主界面包括打印、加载与卸载材料、预热功能、实用功能、机器设置、机器信息等内容，如图 7-45 所示。

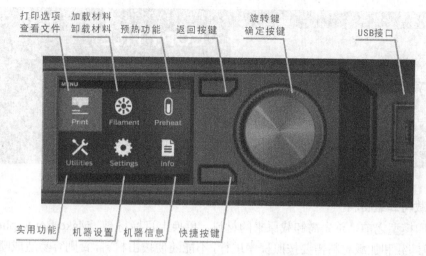

图 7-45　MakerBot Replicator Z18 3D 打印机主界面

1. 打印

点击"Print"该图标进入下一级选项，点击"Internal Storage"(内存)图标可浏览机器存储的打印文件，可以对机器内存的文件进行复制、删除等操作；在插入 U 盘的情况下，可以将 U 盘文件复制到机器内存中，方便打印。在联网的环境下，可浏览 MakerBot Thingiverse 社区进行交流互动、3D 模型下载，查看购买的模型等。

(1) 浏览内存文件。点击"Internal Storage"选项，可以浏览机器内存文件，如图 7-46 所示。

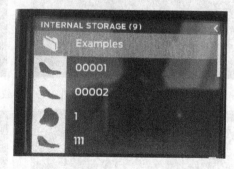

图 7-46　浏览内存文件

(2) 复制 U 盘文件。点击"USB Storage"选项，进入 U 盘浏览模式，如图 7-47 所示，可以将 U 盘文件拷入机器内存中，如图 7-48 所示。

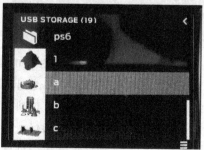

图 7-47　浏览 U 盘文件

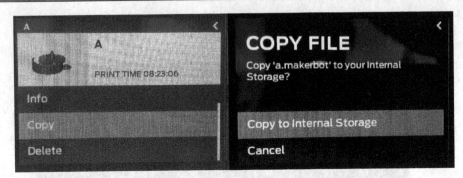

图 7-48　复制 U 盘文件到内存

2. 加载与卸载材料

在打印模型之前，首先需卸载原来的材料，更换上目标材料，MakerBot Replicator Z18 3D 打印机卸载和加载材料需要按照程序进行，不能随便拔出材料，否则容易造成喷头堵塞。

(1) Unload Filament(卸载材料)。显示屏界面提示要从喷头拔出细丝材料，轻轻从入料口拔出来即可，切不可用蛮力拔出材料，防止材料由于过于用力而折断在喷头里面，导致后面无法加载材料，甚至堵住喷头造成无法打印，如图 7-49、图 7-50 所示。

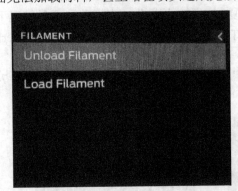
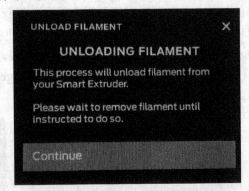

图 7-49　卸载材料(一)

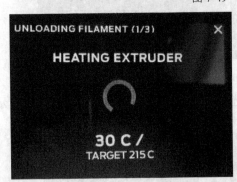
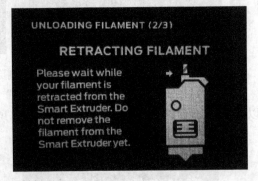

图 7-50　卸载材料(二)

(2) Load Filament(加载材料)。在取出旧材料之后，点击 "Load Filament" 图标，同时将新的细丝材料插入入料口，同时对材料持续往下施加小许压力，继续将其推入，大约过 5 秒钟，会明显感觉到电动机在拉动材料，此时松开手，注意观察喷头情况，机器主界面显示信息。当看到喷头喷嘴在持续挤出细丝材料时，以及主界面显示喷头正在挤出材料信息时，按"OK，Filament is Extruding"选项停止挤出，至此加载材料完成，如图 7-51、图 7-52 所示。

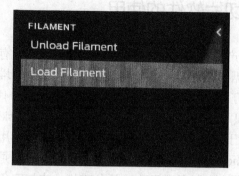

图 7-51　加载材料(一)

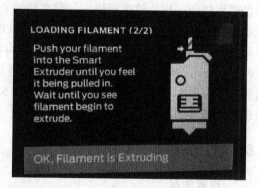

图 7-52　加载材料(二)

(3) Preheat(预热)。点击界面的预热图标，图标就会显示现在的温度和目标温度，非常人性化，同时旋转按键，周边显示灯为红色，表示机器在加热。

(4) Utilities(工具)。MakerBot Replicator Z18 打印机工具功能选项包括托盘水平调整、降低托盘高度、相机拍照、系统工具、关机等功能，其中相机拍照功能非常实用，如图 7-53 所示。

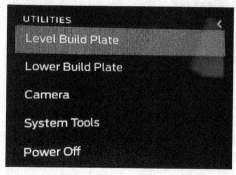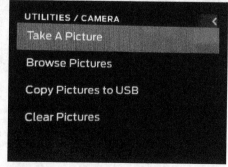

图 7-53　工具功能选项

降低托盘高度(Lower Build Plate)：方便清理回收盒的丝料及方便拿取托盘的模型；每点击一次该选项，托盘就会降低一定的高度。

相机拍照(Camera)：方便记录 3D 打印的过程，可以浏览照片和复制照片到 U 盘。

关闭电源(Power Off)：选择该选项，将关闭电源。

7.6　Cura 3D 切片软件的使用

"工欲善其事，必先利其器"，3D 打印产品离不开 3D 打印切片软件，因为只有先用切片软件进行分层切片、分割模型、导出数据，打印机才能一层一层地将产品打印堆积出来。切片，顾名思义，将 3D 模型转化为 3D 打印机本身可以执行的代码(G 代码、M 代码)。每款机器适用的切片软件不尽相同，有的机器只能用自带的切片软件，如 MaketBot Desktop，适用于 MaketBot 系列打印机，有局限性。对于普通的国产桌面型 3D 打印机，需要用到通用的切片软件，常见的有 Simplify、Cura、Slic3r 等，适用于大部分机型。Simplify 是收费软件，对于大众用户而言，使用就有一定的限制，该软件可自由添加支撑，支持双色打印和多模型打印，切片速度极快，附带多种填充图案；Cura 是免费开源软件，是 3D 打印领域非常流行的软件，由知名 3D 打印机厂商 Ultimaker 公司开发，有中文版，非常适合初学者使用。Cura 在国内使用用户较多，界面友好、性能较佳，参数设置也比较方便；Slic3r 软件和 Cura 一样，也是一个开源而且切片效果不错的软件，适用机型也很多，但基础功能略显单薄。在本案例中使用的 Cura 软件为 15.02 版本，用户可以在网络上找到免费的中文版进行安装使用。

7.6.1　Cura 界面介绍

1. 设置向导

软件安装好，首次启动使用时，需要根据设置向导进行初步的设置工作，如设置对应的 3D 打印设备、打印工作幅面等内容，可根据实际情况进行设置，如图 7-54、图 7-55 所示。

7.2　Cura 教程

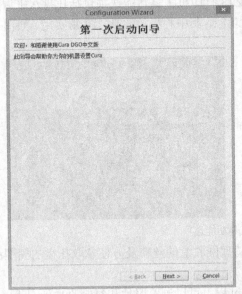

图 7-54　设置向导(一)

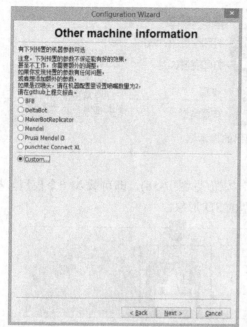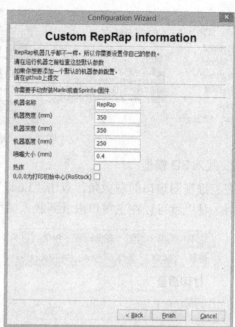

图 7-55 设置向导(二)

设置完毕后弹出 Cura 主界面，界面比较清爽，如图 7-56 所示。界面分左、右两个窗口，左侧为参数栏，有基本设置、高级设置及插件等，右侧是三维视图栏，可以载入、修改、保存模型，对模型进行移动、缩放、旋转等操作。

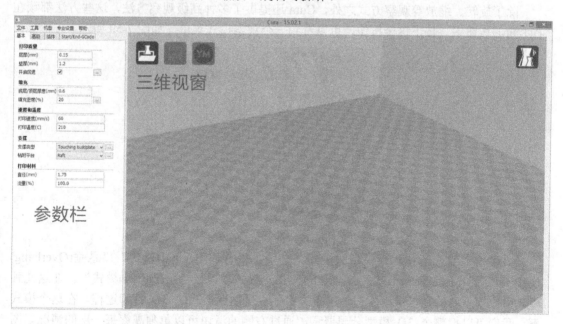

图 7-56 Cura 主界面

把鼠标放在参数输入框上，就会弹出提示框，如图 7-57 所示，可以看到每个参数的详细介绍，方便用户设置时进行参考。

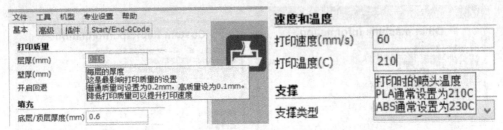

图 7-57　弹出的提示框

2. 载入 3D 模型

在三维视图窗口的左上角，点击"Load"按钮(见图 7-58)，即可载入一个模型。模型载入后，马上就可以在主窗口内看到载入模型的 3D 形象。

图 7-58　点击"Load"按钮载入 3D 模型

3. 观察模型模式

在三维观察视窗界面上，使用鼠标右键拖曳，可以实现观察视点的旋转；使用鼠标滚轮，可以实现观察视点的缩放。这些动作都不改变模型本身，只是观察角度的变化。

除了旋转、缩放等观察方式之外，Cura 还提供了多种高级观察方法，这些方法都藏在右上角的按钮中。按下这个按钮，可以看到一个观察模式菜单，如图 7-59 所示。

图 7-59　观察模式菜单

该菜单主要有五种观察模型的模式，分别是"普通(Normal)模式""悬垂(Overhang)模式""透明(Transparent)模式""X 光(X-Ray)模式"以及"层(Layers)模式"。在这几种模式中比较重要的是"层模式"，层模式实际上最贴近正式的 3D 打印过程。在这个模式下，我们可以把整个 3D 模型分层展示，通过右侧的滑块可以单独观察每一层的情况。图 7-60 所示是第 38 层的情况，最外层的红色表示模型的外壳。紧跟着的绿色仍是外壳的一部分，但不直接暴露在外。中间的黄色部分是填充，用于构造实心物体的中心区域。应用该模式可以更好、更直观地理解 Cura 切片后规划出的每一层的 3D 打印计划。在普通 3D 视图中，看不到层模式，如果想看效果，需要切换到层模式，可以方便看到支撑底座的轮廓，如图 7-60 所示。

图 7-60　层模式

7.6.2　Cura 切片参数设置

在完整配置模式下，Cura 切片参数设置主要是基本参数和高级参数设置两个方面。

1. 基本参数设置

Cura 切片基本参数设置如图 7-61 所示。

图 7-61　Cura 切片基本参数设置

（1）层厚：每一层丝的厚度，推荐在 0.1～0.2 mm 之间取值。

层厚越小，表面越精细，打印时间越长。

（2）壁厚：模型外壁厚度，每 0.4 mm 为一层丝，推荐在 0.8～2.0 mm 之间取值，设置值为喷嘴孔径的倍数，如果设置不满足这一点，Cura 将把输入框设置为黄色，提示用户。

壁厚越厚，强度越好，打印时间越长。

(3) 开启回退：确定在两次打印间隔时是否将塑料丝回抽，以防止多余的塑料在间隔期挤出，产生拉丝，影响打印质量。

如果不反抽会产生拉丝，影响成型效果。

(4) 底层/顶层厚度：底层和顶层厚度。

如果打印模型出现顶层破孔，可以适当调大这个数值。

(5) 填充密度：0 为空心，100 为实心，小体积产品要适当增加填充密度。

减少填充可以节省打印时间，但是影响强度。空心有时候会因为壁厚太薄，无法完成模型打印，适当的填充有时候是必要的。

(6) 打印速度：推荐 40～60 mm/s，因为挤出头的加热速度是有限的，因此每秒钟能熔化的塑料丝也是有限的。

适当地调低速度，让打印的时候有足够的冷却时间，可以将模型打印得更好。

(7) 打印温度：打印时挤出头的温度，ABS 推荐 210℃～250℃，PLA 推荐 190℃～220℃。

效果：如果温度太低则无法挤出，会卡住无法出丝。

(8) 支撑类型：打印的过程中因为有悬空，丝会因为重力作用掉下来，需要添加支撑，但不是所有悬空都是需要支撑的。None：无支撑；Touching buildplate：外部支撑，在模型有外部悬空的地方增加支撑，内部不添加支撑；Everywhere：在模型中任何悬空的地方都添加支撑，包括模型内部。点击"支撑类型"右边的选项按键，弹出的支撑类型设置窗口，如图 7-62 所示。

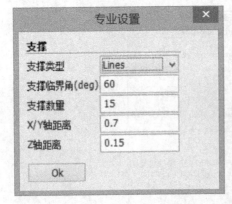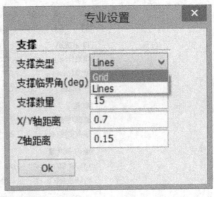

图 7-62　支撑类型设置窗口

模型如果悬空则需要添加支撑。不添加支撑的话，悬空地方的打印丝会掉下来。

① 支撑类型：分线型(Lines)和网格型(Grid)两种，网格型比线型更加结实。

② 支撑临界角：悬空的角度，超过这个角度才会出现支撑，这跟打印机的性能有关系，性能好的可以调高一点，一般设置为 50°～60°。

③ 支撑数量：一般设置为 15。密度太高，支撑不好拆；密度太低，靠支撑大的底部不精确。

(9) 粘附平台：即给模型增加一个底座，可以让打印的模型粘得更紧。None：不添加底座。Brim：加厚底座，并在周围增加附着材料。Raft：中文状态网状的底座。点击"粘附平台"右边的选项按键，弹出的粘附平台设置窗口如图 7-63 所示，可以调节平台的厚度和大小等参数。

添加底座可以让平台粘得更紧，Raft 类型底座更省材料。

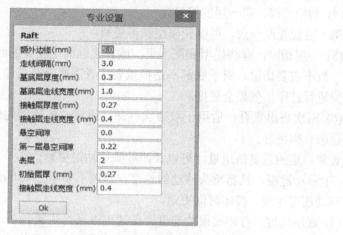

图 7-63 粘附平台设置参数

(10) 直径：耗材直径，一般为 1.75 mm 和 3 mm 两种规格。

(11) 流量：打印时丝的流速，一般为 100%。

2. 高级参数设置

Cura 切片高级参数设置如图 7-64 所示。

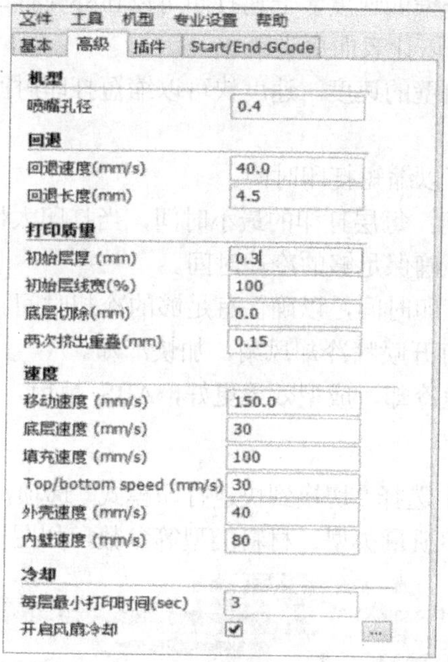

图 7-64 高级参数设置

(1) 喷嘴孔径：本书使用的 3D 打印机的喷嘴孔径是 0.4 mm。

(2) 回退速度：反抽的速度，较高的速度能达到较好的效果，但容易磨损丝。

效果：理论上速度快一点会更好，但是有可能导致不出丝。

(3) 回退长度：反抽回去丝的长度。回退速度和回退长度这 2 个参数在基本设置中选择允许反抽时才有意义。

反抽回去丝的长度如果太短也有可能造成拉丝，如果太长则有可能不出丝。

(4) 初始层厚：第一层的厚度。

第一层设置厚一点，可以让模型粘得更紧。

(5) 底层切除：有些模型底层不平，或者接触面比较少的时候，可以切掉一部分。

一般不需要切除，对于底部不是很重要或者需要分开打印的模型，可以设置切除一定高度来进行打印，效果会更好。

(6) 两次挤出重叠：适用于双喷头打印。设置双头打印的时候重复设置挤压量，让两个颜色融合得更好。

设置一定的重复挤压量，可以让两种颜色粘得更紧。

(7) 移动速度：机器喷头移动的速度，建议不要超过 150 mm/s。

移动速度越快，打印时间更短。

(8) 底层速度：打印底层的速度，低速可以粘得更紧。

适当调低底层的打印速度，可以让底部粘得更紧，这样才能更好地打印。

(9) 填充速度：0 表示和前面设置的基本打印速度相同，默认值 40 mm/s 表示在原来设置的打印速度的基础上再加上 40 mm/s 的速度。填充速度高能节省时间，但也对质量有所影响。

加快填充速度，可以打印得更快。

(10) 外壳速度：打印外壁的速度，低速打印可以让外壳打印得更好。

降低外壳打印速度，可以让表面更光滑。

(11) 内壁速度：打印内壁的速度。速度快可以缩短打印时间，但外壳打印速度与内壁打印速度不能差别太大。

加速内壁打印速度，可以缩短打印时间。

(12) 每层最小打印时间：每层打印的最小时间，当打印太快的时候，机器会根据这个层最小打印时间调低速度，确保足够的冷却时间。

控制机器每层的最小打印时间，以确保有足够的冷却时间。

(13) 开启风扇冷却：打开喷嘴冷却风扇，加快冷却。

效果：打印时用于加速冷却，成型效果更好，ABS 慎用，容易裂开。

3. 快速打印模式设置

在 "专业设置" 菜单中选择 "切换到快速打印模式" 选项，即可切换到快速打印模式，在该选项中，可以设置打印质量类型、材料类型等参数，如图 7-65 所示。

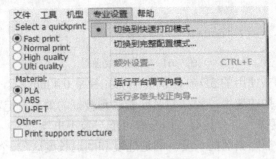

图 7-65　快速打印模式

4. 导出打印数据

在三维视图窗口的左上角，保存图标位置(灰色)的下方，可以看到一个进度条在前进。当进度条达到 100%时，就会显示打印时间、耗材数量等参数，同时保存图标变为可用状态。等所有参数设置完毕之后，点击"保存"图标按钮，保存为 gcode 文件，拷入 3D 打印机内存即可打印，如图 7-66、图 7-67 所示。

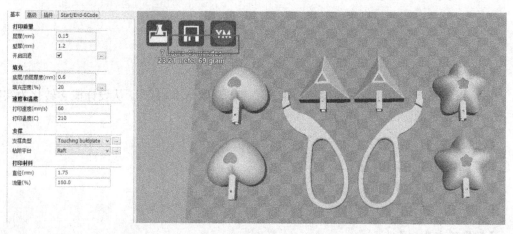

图 7-66　查看切片结果

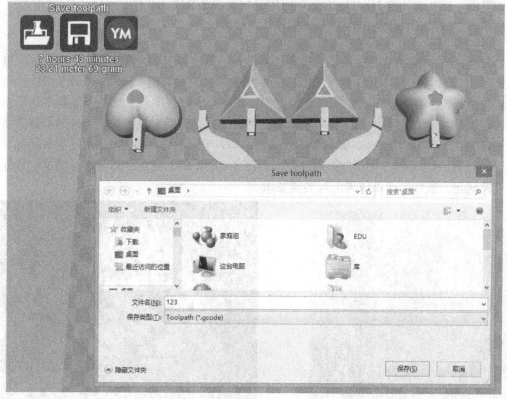

图 7-67　导出 gcode 文件

第 8 章　产品设计 3D 打印实践

【教学目标】

本章以实际产品设计方案为案例讲解产品 3D 设计与 3D 打印，从设计概念转化为实物产品，培养读者的实际应用能力。

【教学内容】

(1) 高跟鞋 3D 打印实践；

(2) 香台 3D 打印实践；

(3) 创意裁剪刀 3D 打印实践。

【教学重点难点】

重点：产品设计与 3D 打印的实际应用过程及注意事项。

难点：Makerbot Desktop 与 Cura 切片软件参数设置。

3D 打印技术建立在 3D 数字化模型的基础上，可以应用 3D 软件进行建模设计，也可以到各 3D 打印论坛下载 3D 数字模型，进行 STL 格式转换。整个流程需要配合 3D 打印切片软件进行各种参数设置，输入到 3D 打印设备进行实物打印，实现从创意到实物的创造过程。在实际教学过程中，3D 打印技术与产品设计结合得越来越密切，越来越多的产品模型通过 3D 打印机打印出来，尤其是毕业设计模型，效果不错。如图 8-1 所示的装饰品、图 8-2 所示的灯具、图 8-3 所示的概念摩托车、图 8-4 所示的创新裁纸刀等产品模型，其打印精度能满足一般性的产品成果汇报展览要求。

图 8-1　装饰品

图 8-2　灯具

图 8-3 概念摩托车

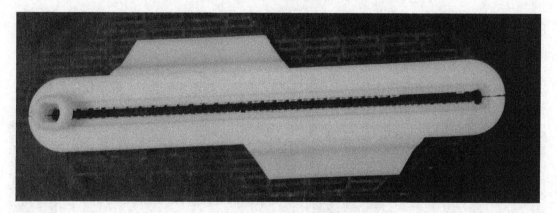

图 8-4 创新裁纸刀

本章摘选了一些产品创新设计方案作案例，以探讨 3D 打印技术在产品设计方面的应用实践，包括高跟鞋 3D 打印实践、香台 3D 打印实践、创意裁剪刀 3D 打印实践等，尤其是在 Rhino 软件与 3D 打印技术的融合方面，是产品设计专业发展的趋势。本章结合使用 MakerBot Desktop 软件和通用切片软件 Cura，突出 3D 打印技术应用的普遍性。

8.1 高跟鞋 3D 打印实践

8.1.1 高跟鞋造型设计

该款高跟凉鞋为原创设计，通过无秩序的镂空表现时尚感，应用 3D 打印技术打印鞋子主体部分，在后期处理时安装上鞋带，就可以直接使用了。通过 3D 打印技术，将创意转化为实物，将缥缈的设计概念转化为实实在在的产品，并且使产品服务于人们的生活，让产品设计方案本身变得更加有意义。高跟凉鞋的数字化模型如图 8-5 所示。

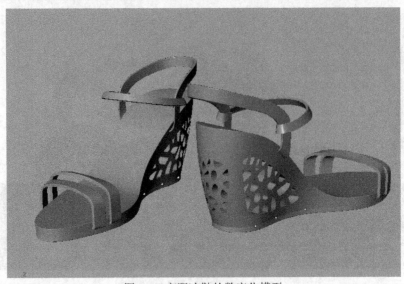

图 8-5　高跟凉鞋的数字化模型

8.1.2　MakerBot Desktop 软件分层切片参数设置

1. 转换为 STL 格式

在 Rhino 软件中将鞋子主体导出为 STL 格式文件，如图 8-6 所示。鞋带使用的是常规性材料，可自行购买，后期拼接组装。

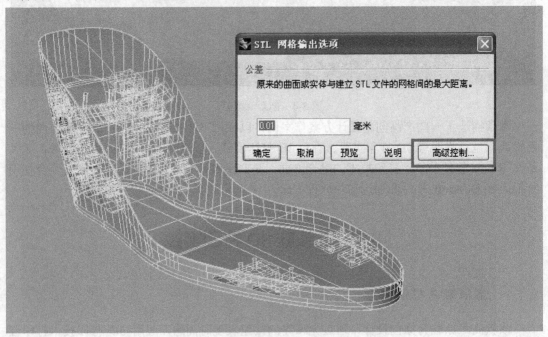

图 8-6　鞋子主体导出为 STL 格式文件

在弹出的"STL 网格输出选项"窗口中，点击"高级控制"选项，在弹出的"网格高级选项"窗口中设置如图 8-7 所示的参数，确保导出的 STL 格式文件的质量。

图 8-7 在"网格高级选项"窗口中设置参数

2. MakerBot Desktop 软件分层切片参数设置

MakerBot Desktop 是 MakerBot 的 3D 打印管理软件，本书使用的版本是 3.7。将高跟凉鞋模型导入 MakerBot Desktop 软件进行分层切片参数设置，如图 8-8 所示。打印参数设置如图 8-9 所示，选择高质量模式，打印精度为 0.1 mm，填充密度为 20%，增加底座，不需要结构支撑，然后导出打印文件，如图 8-10 所示。打印文件格式为 makerbot 文件，并拷贝到 U 盘中。

图 8-8 将高跟凉鞋模型导入 MakerBot Desktop 软件

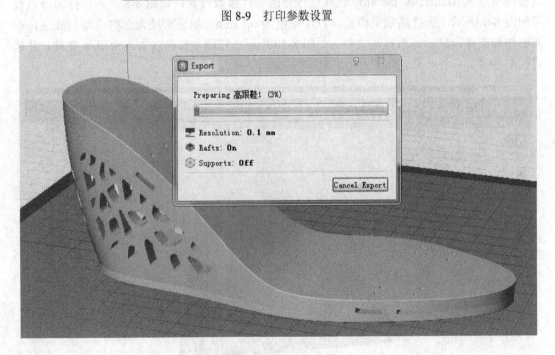

图 8-9　打印参数设置

图 8-10　导出打印文件

　　为了追求较好的打印效果，设置打印的精度需较高，模型切片结果如图 8-11 所示。根据打印文件信息显示：鞋子打印时间为 17 小时，消耗约 132 g PLA 材料。由于高跟凉鞋是一双，所以用同样的参数设置导出另一只鞋子的打印文件。

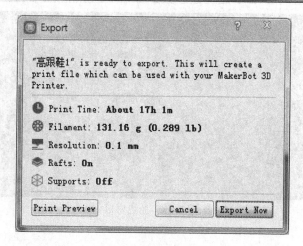

图 8-11　模型切片结果

8.1.3　3D 打印机操作

1. 开机

插上 MakerBot Replicator Z18 3D 打印机的电源，进入自动开机状态，等待 8 分钟左右机器显示主界面，开机启动较慢，用户体验性不够。

2. 卸载旧材料、更换新材料

(1) 卸载材料。显示屏界面提示要从喷头拔出细丝材料，如图 8-12 所示，轻轻从入料口拔出来即可，切不可用蛮力拔出材料，防止材料由于过于用力而折断在喷头里面，导致后面无法加载材料，甚至堵住喷头造成无法打印。

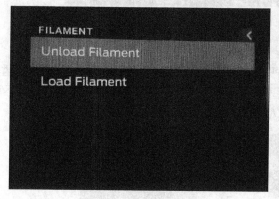
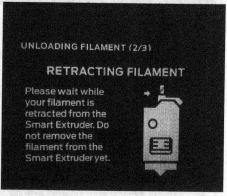

图 8-12　按照显示屏提示轻轻拔出丝料

(2) 加载材料。在取出旧材料之后，点击"Load Filament"图标，将新的细丝材料插入入料口，同时对材料持续往下施加小小的压力，继续将其推入，大约过 5 秒钟，会明显感觉到电动机在拉动材料，此时松开手，注意观察喷头情况及机器主界面的显示信息。当看到喷头喷嘴在持续挤出细丝材料以及主界面显示喷头正在挤出材料信息时，按"OK, Filament is Extruding"选项，停止挤出，至此加载材料完成，如图 8-13 所示。

图 8-13　加载材料

3. 打印准备

插入 U 盘，拷入打印文件，如图 8-14 所示。回到机器内存界面，选中要打印的文件，按下大圆圈按键开始打印，主界面开始显示打印准备情况，预热加热完毕就开始打印，在主界面上会显示打印进度情况。旋转圆形按键可查看打印文件的参数。

图 8-14　拷入打印文件

4. 模型取出

模型打印完毕之后，打开门，取出水平托盘，用小铲刀从模型四周慢慢撬，取下模型；用小铲刀或稍微用点力将鞋子支撑底座掰取下来，要注意用力均匀，且慢慢使力，切不可用蛮力将模型弄坏。打印好的高跟凉鞋模型如图 8-15 所示。

图 8-15　打印好的高跟凉鞋模型

8.1.4　模型修整

观察高跟鞋模型整体造型是否打印完整，细节是否完整，手感是否光滑，有没有出现衔接不了的结构，或出现材料结块的现象。如果出现少许的材料结块现象，一般是正常的，用小锉刀或砂纸进行轻轻打磨即可消除不平整部分。

由于目前的柔性 PLA 材料舒适度不够，所以后期只能自备鞋带进行安装。在装上鞋带之前，要对鞋带接口部分进行打磨。打印的过程中，由于材料重力的因素，接口内部会出现尺寸的偏差，所以要用小锉刀打磨接口，方便后面插入鞋带并进行安装。鞋子前部鞋带接口如图 8-16 所示，鞋子跟部鞋带接口如图 8-17 所示。

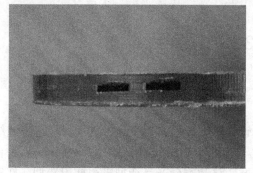 

图 8-16　鞋子前部鞋带接口　　　　　　　　图 8-17　鞋子跟部鞋带接口

另外，鞋子的装饰孔也会由于高温材料在高速下运动出现连丝，用小锉刀轻轻打磨即可，在修整这个阶段需要细心和耐心。Makerbot 3D 打印机打印效果较好，所以后期处理的工作并不算很麻烦。如果模型增加了结构支撑，需要花费大量的时间进行摘除、打磨、修复工作，所以在很多情况下，能不增加结构支撑就尽量不要增加，如果实在要增加，可以自己制作细小支撑结构，方便后期剥落，根据笔者的经验，系统自行增加的结构支撑还是比较难剥落的。

由于目前 PLA 材料打印出来的整体高跟凉鞋舒适性不足，所以鞋子的配件方面建议自己搭配。可在鞋子主体上接上鞋带和鞋垫，如图 8-18 所示，这些配件可以在商场、超市或购物网站购买。在连接鞋带和鞋垫的过程中，根据鞋子主人的脚部尺寸进行调整，舒适性会更好。鞋带之间的连接用手工缝制或缝纫机缝制都可以，这样 DIY 鞋子则更加有乐趣，更有成就感。制作好的高跟凉鞋整体效果如图 8-19 所示。

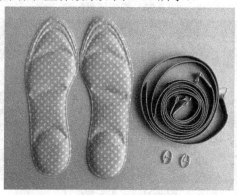

图 8-18　鞋带和鞋垫配件

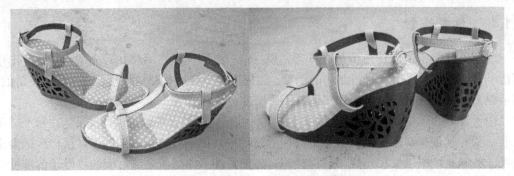

图 8-19　制作好的高跟凉鞋整体效果

8.2　香台 3D 打印实践

8.2.1　香台造型设计造型元素

　　香台是近几年流行的文化产品，香台的设计需要彰显富含文化的气质，在烟雾缭绕的氛围中，仿佛人的身心得到一种解脱和放松。在本案例中，应用 3D 打印技术实现香台产品开发的前期原型制作，以方便后期产品开发。这款香台产品造型采用梯田造型，梯田阶梯式、波浪式起伏的线条带给我们强烈的美感，如图 8-20、图 8-21 所示。本案例采用产品设计开发流程探讨 3D 打印技术在其中的应用，希望能给产品开发设计者提供一定的借鉴。

图 8-20　梯田元素(一)

图 8-21　梯田元素(二)

8.2.2　香台设计草图

设计草图是产品设计的重要环节，是记录创意想法的阶段，也是将概念可视化的阶段。草图以广西桂林龙胜梯田为原型，重点提炼那些优美的、迂回弯曲的曲线，表现梯田上、下层叠错落的视觉变化效果，考虑倒流香从波浪台阶下沿而顺落，如同光滑的绸缎滑落，给人以美妙的视觉体验，如图 8-22、图 8-23 所示。

图 8-22　创意草图(一)

图 8-23　创意草图(二)

8.2.3　香台造型设计

确定创意草图方案之后，使用 Rhino 软件进行香台造型设计，包括托盘、香台主体。建模过程中注意实体建模，确保模型有一定厚度，并且封闭为实体，这是产品 3D 打印成功的前提。在后期处理时安装上塔香，就可以直接使用了。Rhino 造型建模如图 8-24 所示。

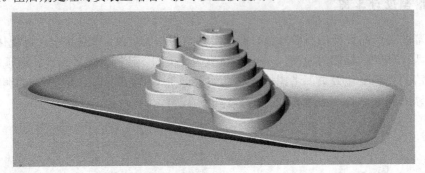

图 8-24　Rhino 造型建模

8.2.4　模型转换为 STL 格式

在将模型导入切片软件之前，需要在 Rhino 软件中将香台主体与托盘导出为 STL 格式文件，方便下一步的参数设置。选中香台的主体与底座，选择"文件"菜单中的"导出选取物体"，选择导出文件格式为 STL 格式，选择保存文件路径之后，在弹出的"STL 网格导出选项"对话框中点击"进阶设定"，如图 8-25 所示。

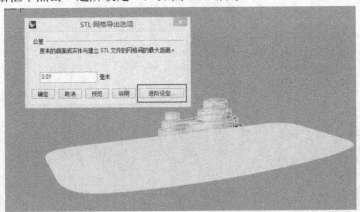

图 8-25　"STL 网格导出选项"对话框

为保证导出的 STL 格式文件质量，在"网格高级选项"对话框输入如图 8-26 所示的参数。

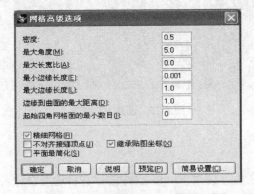

图 8-26　"网格高级选项"参数设置

8.2.5 MakerBot Desktop 软件分层切片参数设置

将模型导入 MakerBot Desktop 软件进行分层切片参数设置，MakerBot Desktop 导入模型状态如图 8-27 所示。打印参数设置如图 8-28、图 8-29 所示，选择高质量模式，打印精度为 0.1 mm，填充密度为 10%，增加底座，不需要结构支撑，然后导出打印文件。由于追求较好的打印效果，根据打印文件信息显示：香台打印时间约为 6 小时，消耗约 93g PLA 材料。打印文件格式为 makerbot，并拷贝文件到 U 盘中。

图 8-27　MakerBot Desktop 导入模型状态

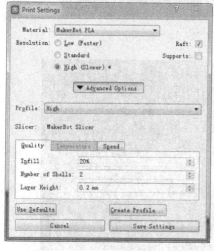

图 8-28　打印参数设置(一)

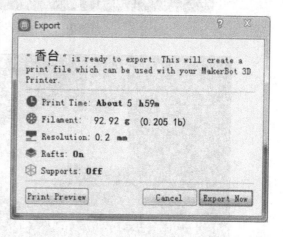

图 8-29　打印参数设置(二)

8.2.6 修整模型

模型打印完毕之后，打开门，取出水平托盘，用小铲刀从模型四周慢慢撬，取下模型；用小铲刀或稍微用点力将香台支撑底座掰取下来，要注意用力均匀，且慢慢使力，切不可用蛮力将模型弄坏。

观察香台模型整体造型是否完整，细节是否完整，手感是否光滑，有没有出现衔接不了的结构，或材料结块的现象。如果出现少许的材料结块现象，一般是正常的，用小锉刀或砂纸轻轻打磨即可消除不平整的部分。

MakerBot 3D 打印机打印效果较好，所以后期处理的工作并不算很麻烦。如果模型增加了结构支撑，需要花费大量的时间进行摘除、打磨、修复工作，因此在很多情况下，能不增加结构支撑就尽量不要增加，如果实在要增加，可以自己制作细小支撑结构，方便后期剥落，根据笔者的经验，系统自行增加的结构支撑还是比较难剥落的。

8.2.7 装上塔香效果

香台大体打印完成，香台的配件建议自己搭配上去，可在香台的主体顶部放上塔香，这些塔香可以在商场、超市或购物网站购买。点燃塔香后，烟雾由高处往低处流动，极为好看。具体效果如图 8-30、图 8-31 所示。

图 8-30　香台整体效果(一)

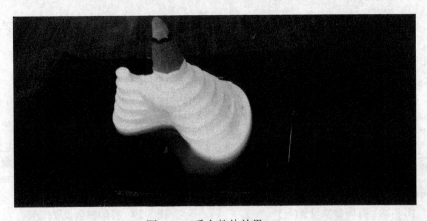

图 8-31　香台整体效果(二)

8.3　创意裁剪刀 3D 打印实践

8.3.1　裁剪刀效果图

该款裁剪刀属于产品功能改良设计的案例，由于其将裁剪衣服的剪刀与软尺相结合，增加了产品的人性化。用户在裁剪衣物时，可以使用剪刀上的软尺进行测量，提高了裁剪工作的效率，量完后只要轻轻按尺子按键就可以自动缩回。裁剪刀产品效果图如图 8-32、图 8-33 所示。

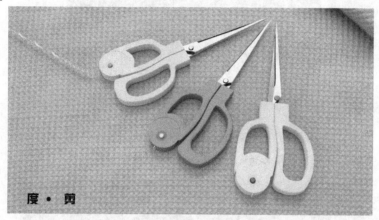

图 8-32　裁剪刀产品效果图(一)

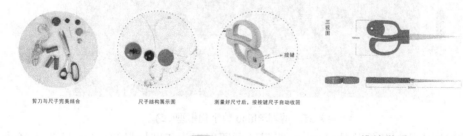

剪刀与尺子完美结合　　　　尺子结构展示图　　　测量好尺寸后，按按键尺子自动收回

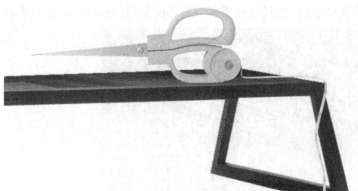

设计说明：

　　剪刀和软尺的完美结合使用起来更人性化，解决了剪东西需要测量时，寻找尺子的不便，测量好尺寸后，按按键尺子可以自动回收。

　　尺子迷你的内部结构可有效地结合到剪刀的造型设计中，造型符合人机工程学，操作简单舒适，简洁柔美的曲线造型、金属与 PP 材料的完美搭配，使剪刀变得不一般。

图 8-33　裁剪刀产品效果图(二)

8.3.2　产品造型建模

在 Rhino 软件中将剪刀模型绘制出来。剪刀可分为三个功能块：分别是金属剪刀头、塑料材料的剪刀把手、度量尺，其中，剪刀头和度量尺采用现有标准件，只有剪刀把手是设计的重点，也是 3D 打印的重要内容。剪刀把手要考虑与剪刀头、度量尺的合理装配，也要考虑使用方面的人机舒适性，剪刀 Rhino 数字化模型如图 8-34、图 8-35 所示。

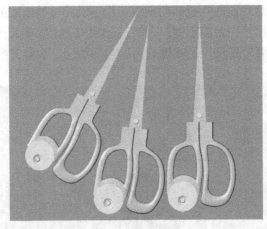

图 8-34　剪刀 Rhino 数字化模型(一)

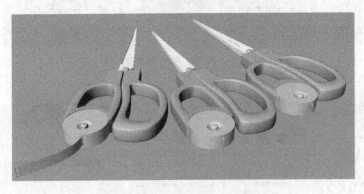

图 8-35　剪刀 Rhino 数字化模型(二)

将剪刀把手模型部件单独显示，按照尺寸预留剪刀头和度量尺的接口，如图 8-36 所示。

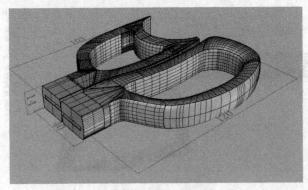

图 8-36　剪刀把手模型

8.3.3 转化为 STL 格式

选中剪刀把手模型，选择"文件"菜单中的"导出选取物体"，选择导出文件格式为 STL 格式，选择保存文件路径之后，在弹出的"STL 网格导出选项"对话框中，点击"进阶设定"，如图 8-37 所示，为保证导出的 STL 格式文件质量，在"网格高级选项"对话框中输入如图 8-38 所示的参数。

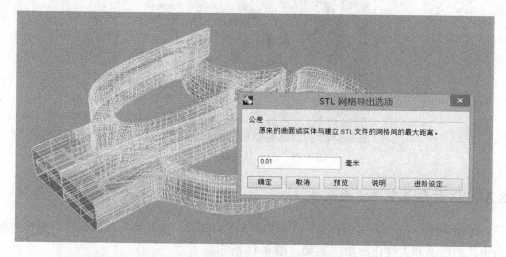

图 8-37　导出 STL 格式文件

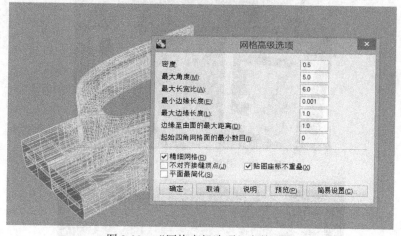

图 8-38　"网格高级选项"参数设置

8.3.4 Cura 软件切片参数设置

打开 Cura 软件，导入剪刀把手模型 STL 格式文件，在 Cura 软件的基本设置和高级设置中输入如图 8-39 所示的参数，使用材料为 PLA，打印时间为 10 小时 58 分钟，消耗耗材为 62 g，等所有参数设置完毕之后，点击保存图标按钮，保存为 gcode 文件，拷入 3D 打印机内存即可打印。国产 3D 打印机大多数支持 gcode 文件，gcode 文件是 3D 打印机支持的通用打印文件。

图 8-39　Cura 软件切片设置

8.3.5　3D 打印模型与使用效果

在本案例中，使用的 3D 打印设备为国产 AOD 机型，机器外观时尚简洁，操作方便，界面也比较简洁和人性化，如图 8-40、图 8-41 所示。

图 8-40　国产 AOD 3D 打印设备

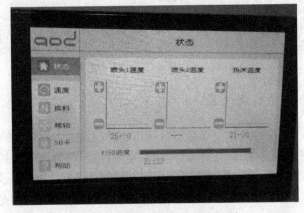

图 8-41　3D 打印设备 AOD 界面

　　3D 打印实物模型装配上剪刀头和度量尺的效果如图 8-42 所示，真实使用效果如图 8-43、图 8-44 所示，3D 打印实物模型可以检验设计方案的合理性、实用性，对于方案的完善和进一步的修改有很大的意义。通过 Rhino 软件和 Cura 软件及 3D 打印设备的辅助应用将创意转化为真实可见的产品，而不是将设计创意停留在概念阶段。

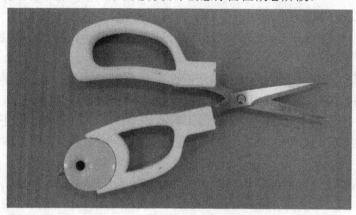

图 8-42　3D 打印实物装配好的效果

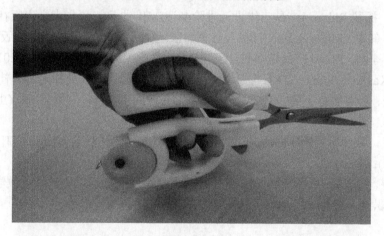

图 8-43　3D 打印产品使用效果(一)

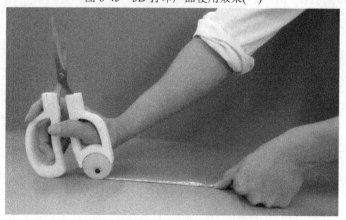

图 8-44　3D 打印产品使用效果(二)

参 考 文 献

[1]　白仁飞，刘逵. Rhino 5 数字造型大风暴[M]. 北京：人民邮电出版社，2014.

[2]　张亚先，刘勇. Rhino 5.0 & KeyShot 产品设计实例教程[M]. 北京：人民邮电出版社，2013.

[3]　王远，李海，魏庆彬. Rhino 5 产品造型设计表现[M]. 北京：清华大学出版社，2015.

[4]　陈鹏. 3D 打印技术实用教程[M]. 北京：电子工业出版社，2016.

[5]　陈鹏.基于 3D 打印技术的产品创新设计与研发[M]. 北京：电子工业出版社，2016.

[6]　叶德辉，刘伟元. 造型设计完美风暴：Rhino 4.0 完全实例教程[M]. 北京：科学出版社，2016.

[7]　叶德辉. 造型设计完美风暴 Rhino 4.0 完全学习手册[M]. 北京：科学出版社，2008.

[8]　甘玉荣，杨梅. 中文版 Rhino 5.0 产品设计微课版教程[M]. 北京：人民邮电出版社，2016.

[9]　杨汝全. 探秘 Rhino：产品三维设计进阶必读[M]. 北京：清华大学出版社，2016.

[10]　艾萍，韩军. Rhino & Vray 产品设计创意表达[M]. 北京：人民邮电出版社，2011.

[11]　王远，李海. Rhino 产品造型设计表现[M]. 北京：清华大学出版社，2015.

[12]　Anna Kaziunas France.3D 打印从入门到精通[M]. 北京：人民邮电出版社，2016.

[13]　杨熊炎. 创客教育下的"3D 设计与打印"课程应用实践[J]. 美与时代(上)，2016(09)：106-108.

[14]　杨熊炎，陆少敏. 计算机辅助工业设计课程引入体验式教学方法探究[J]. 广西教育，2016(07)：156-157.

[15]　李纳璺，叶德辉. 以创意为核心的艺术设计专业计算机辅助设计课程教学改革探索[J]. 教育与职业，2014(12)：149-150.